城市开放空间

[英国] 海伦·伍利 著

孙喆 译

译林出版社

图书在版编目（CIP）数据

城市开放空间 /（英）海伦·伍利（Helen Woolley）著;孙喆译. — 南京:
译林出版社，2023.2
（城市与生态文明丛书）
书名原文：Urban Open Spaces
ISBN 978-7-5447-9497-8

Ⅰ.①城⋯　Ⅱ.①海⋯　②孙⋯　Ⅲ.①城市空间－景观设计－研究
Ⅳ.①TU984.11

中国版本图书馆 CIP 数据核字（2022）第 214119 号

著作权合同登记号　图字：10-2018-539 号

城市开放空间 [英国] 海伦·伍利 / 著　孙　喆 / 译

责任编辑　张海波
装帧设计　薛顾粲
校　　对　孙玉兰
责任印制　单　莉

原文出版　Routledge, 2012
出版发行　译林出版社
地　　址　南京市湖南路 1 号 A 楼
邮　　箱　yilin@yilin.com
网　　址　www.yilin.com
市场热线　025-86633278
排　　版　南京展望文化发展有限公司
印　　刷　江苏凤凰通达印刷有限公司
开　　本　960 毫米 ×1304 毫米　1/32
印　　张　10
插　　页　2
版　　次　2023 年 2 月第 1 版
印　　次　2023 年 2 月第 1 次印刷
书　　号　ISBN 978-7-5447-9497-8
定　　价　78.00 元

版权所有 · 侵权必究

译林版图书若有印装错误可向出版社调换. 质量热线：025-83658316

主 编 序

中国过去三十年的城镇化建设，获得了前所未有的高速发展，但也由于长期以来缺乏正确的指导思想和科学的理论指导，形成了规划落后、盲目冒进、无序开发的混乱局面；造成了土地开发失控、建成区过度膨胀、功能混乱、城市运行低效等严重后果。同时，在生态与环境方面，我们也付出了惨痛的代价：我们失去了蓝天（蔓延的雾霾），失去了河流和干净的水（75%的地表水污染，所有河流的裁弯取直、硬化甚至断流），失去了健康的食物甚至脚下的土壤（全国三分之一的土壤受到污染）；我们也失去了邻里，失去了自由步行和骑车的权利（超大尺度的街区和马路），我们甚至于失去了生活和生活空间的记忆（城市和乡村的文化遗产大量毁灭）。我们得到的，是一堆许多人买不起的房子、有害于健康的汽车及并不健康的生活方式（包括肥胖症和心脏病病例的急剧增加）。也正因为如此，习总书记带头表达对"望得见山，看得见水，记得住乡愁"的城市的渴望；也正因为如此，生态文明和美丽中国建设才作为执政党的头号目标，被郑重地提了出来；也正因为如此，新型城镇化才成为本届政府的主要任务，一再作为国务院工作会议的重点被公布于众。

本来，中国的城镇化是中华民族前所未有的重整山河、开创美好生活方式的绝佳机遇，但是，与之相伴的，是不容忽视的危机和隐患：生态与环境的危机、文化身份与社会认同的危机。其根源在于对城镇化和城市规划设计的无知和错误的认识：决策者的无知，规划设计专业人员的无知，大众的无知。我们关于城市规划设计和城市的许多错误认识和错误规范，至今仍然在施展着淫威，继续在危害着我们的城市和城市的规划建设：我们太需要打破知识的禁锢，发起城市文明的启蒙了！

所谓"亡羊而补牢，未为迟也"，如果说，过去三十年中国作为一个有经验的农业老人，对工业化和城镇化尚懵懂幼稚，没能有效地听取国际智者的忠告和警告，也没能很好地吸取国际城镇规划建设的失败教训和成功经验；那么，三十年来自身的城镇化的结果，应该让我们懂得如何吸取全世界城市文明的智慧，来善待未来几十年的城市建设和城市文明发展的机会，毕竟中国尚有一半的人口还居住在乡村。这需要我们立足中国，放眼世界，用全人类的智慧，来寻求关于新型城镇化和生态文明的思路和对策。今天的中国比任何一个时代、任何一个国家都需要关于城市和城市的规划设计的启蒙教育；今天的中国比任何一个时代、任何一个国家都需要关于生态文明知识的普及。为此，我们策划了这套"城市与生态文明丛书"。丛书收集了国外知名学者及从业者对城市建设的审视、反思与建议。正可谓"以铜为鉴，可以正衣冠；以史为鉴，可以知兴替；以人为鉴，可以明得失"，丛书中有外国学者评论中国城市发展的"铜镜"，可借以正己之衣冠；有跨越历史长河的城市文明兴衰的复演过程，可借以知己之兴替；更有处于不同文化、地域背景下各国城市发展的"他城之鉴"，可借以明己之得失。丛书中涉及的古今城市有四十多个，跨越了欧洲、非洲、亚洲、大洋洲、北美洲和南美洲。

作为这套丛书的编者，我们希望为读者呈现跨尺度、跨学科、跨时空、跨理论与实践之界的思想盛宴：其中既有探讨某一特定城市空间类型的著作，展现其在健康社区构建过程中的作用，亦有全方位探究城市空间的著作，阐述从教育、娱乐到交通空间对城市形象塑造的意义；既有旅行笔记和随感，揭示人与其建造环境间的相互作用，亦有以基础设施建设的技术革新为主题的专著，揭示技术对城市环境改善的作用；既有关注历史特定时期城市变革的作品，探讨特定阶段社会文化与城市革新之间的关系，亦有纵观千年文明兴衰的作品，探讨环境与自然资产如何决定文明的生命跨度；既有关于城市规划思想的系统论述和批判性著作，亦有关于城市设计实践及理论研究丰富遗产的集大成者。

正如我们对中国传统的"精英文化"所应采取的批判态度一样，对于这套汇集了全球当代"精英思想"的"城市与生态文明丛书"，我们也不应该全盘接受，而应该根据当代社会的发展和中国独特的国情，进行鉴别和扬弃。当然，这种扬弃绝不应该是短视的实用主义的，而应该在全面把握世界城市及文明发展规律，深刻而系统地理解中国自己国情的基础上进行，而这本身要求我们对这套丛书的全面阅读和深刻理解，否则，所谓"中国国情"与"中国特色"，就会成为我们排斥普适价值观和城市发展普遍规律的傲慢的借口，在这方面，过去的我们已经有过太多的教训。

城市是我们共同的家园，城市的规划和设计决定着我们的生活方式；城市既是设计师的，也是城市建设决策者的，更是每个现在的或未来的居民的。我们希望借此丛书为设计行业的学者与从业者，同时也为城市建设的决策者和广大民众，提供一个多视角、跨学科的思考平台，促进我国的城市规划设计与城市文明（特别是城市生态文明）的建设。

俞孔坚
北京大学建筑与景观设计学院教授
美国艺术与科学院院士

目　录

第一部分　开放空间的效益和机会

第二部分　城市开放空间——所有人的空间

第三部分　城市开放空间——案例研究

推荐序

肯·沃尔博

21世纪之初，世界范围内的城市理论和政策正回归到公共空间的议题上来。伴随着对城市街头犯罪不断加深的恐惧，居民们从发达国家的传统城市中心逃往城郊或者新建于绿地之上的聚落的现状，让各派别的政治家们都开始注意到那些能够有效恢复大众对于城市生活之信心的高质量公共环境的文化重要性。

英国已经有了大量的报告和国会特选委员会，专门负责研究公园和绿地在城市再生过程中发挥的作用，并最终汇集形成"城市绿色空间工作小组"的专题报告——《绿色空间：更好的场所》（2002年5月）。该报告给政府提供了一系列的政策和建议，以求将英国的公园和公共空间恢复到维护良好并且管理优良的状态。海伦·伍利是受委任参与该项政府调查的诸多重要专家之一，她和她的同事们投入了大量的工作和精力，向政府证明了公共空间在许多人的生活中发挥了重要作用。

在本书中，海伦·伍利提供了翔实细致的证据来佐证她的学术观点，即城市公共空间在创造更健康且更友善的社区方面发挥了重要作用，同时也将她的视野延展到了许多更为边缘的场所，这些场所在当地生活中具有丰富的意义——小型游乐场、配额地①以及城市农场，但是这些场所常常被众多眼里只有城市中心里的华贵空间的建筑师和景观设计师所忽略。本书第三部分的案例研究提供了许多近期的景观设计方案，这也体现了在城市规划当中，关于场所营造的艺术正逐渐被重新发

---

① "配额地"（Allotment）制度诞生于伊丽莎白一世时代，旨在为贫穷和无家可归之人提供可耕种或饲养动物的土地。——编注

现。也许，这方面最为显著的是伯明翰维多利亚广场所取得的惊人成功及其对周边地区的改善，它标志着城市中心的命运以及外界对其的看法发生了戏剧性的改变。

作者也带来了对优质城市设计中，公共投资所产生的"人的利益"这一主题的强烈关注，着眼于塑造更好的公共氛围和带来其他一些明确的效益，比如某些独特的景观作品和公园绿地能够对身患疾病或者精神苦闷的人产生康复效果；这提醒了我们，物质环境是决定我们精神健康的重要因素，而对于身体健康来说亦是如此。最后，她强调说生态理论有可能在面向未来的城市投资中扮演更为重要的角色，正如目前大家已经清晰了解到的那样，树木、植栽、绿色廊道、口袋公园以及城市的自然环境能够在城市中创造更为健康的微气候，将城市变得更加人性化，并为普通的行人和玩耍的孩童重塑城市，让他们可以和驾车一族以及购物顾客一样享受城市。

海伦·伍利作为教师、研究者以及执业景观设计师的工作已经悄然影响到近期关于公共空间和公共场所的思考，而本书很可能会进一步巩固这种影响。这非常值得欢迎和期待。

vii

2

自 序

我出生并成长在伯恩维尔，比邻吉百利的巧克力工厂，孩提时的我非常幸运，因为周边有好多开放空间可以用来消遣和放松。其中的一些经历是日常的，例如每天上下学都会路过绿茵地对面的季节性树木，如七叶树。其他的一些经历没有那么惯常，例如在第一个公园的大桥上玩"木棍激流"游戏，或者是1962年和1963年之交的那个冬天在山谷的湖里滑冰。我们经常去玩的共有三个公园，它们彼此相邻。第一个公园不仅能让我们在秋天自由自在地玩"木棍激流"，漫步于从学校蜿蜒而来的自然小径，用七叶树的果实玩闹，有时还能观看一些大人玩绿地木球和网球。序列中的第二个公园多少有些狭小，几乎仅仅用来连接其他两个公园，但它沿着伯恩小溪种植了挺多树木，供那些从其他两个公园漫步而来的游人穿行而过。第三个公园曾经是，当然现在也是，山谷公园。从特征上讲，这里多少有几分空旷，但沿着小溪和其他一些地方也植有树木。山谷湖无疑是一个引人注目的地方。在这里可以见到玩具帆船和摩托艇，有时数量还挺多，特别是周日的下午。这里曾经发生过一个故事，有一次我的父亲和他的兄弟在这里玩耍，他们的玩具帆船在经过湖中央的时候突然停住不动了，没有一丝微风能让它返回那个毫无情调的水泥湖岸。他俩当中的一个翻出了一团绳子，两人各抓住一端，沿着湖的两边行走。这样一来，他们就能够用绳子拴住帆船的龙骨，把它拉回岸边。在伯恩维尔，这种经历在一代又一代的家庭里重复传递，包括街道上那些菩提树的季节变化，金链街上的金链树盛开时闪耀的光芒，以及霍利格鲁夫的那些八英尺高的冬青树，它们沉闷地矗立在那里，直到被砍倒为止。开放空间的年度活动包括在绿地上伴着如今已非常有名的小学顶楼的钟琴欢唱颂歌,在绿地看到针叶树上的圣诞灯而欢欣雀跃,以及在"男人们的游乐场"举办的学校运动会和年度伯恩维尔乡村节。所有这些都是珍贵的回忆。

这些经历影响了我选择景观设计师作为职业的决定。建筑学在实践当中总是存在着太多需要去纠正的错误,所以我没有把它列为考虑对象,而且我觉得所有人都应当有机会在一个优美的环境当中成长,正如过去我所经历的那样,因此从十六岁起,景观设计师就成了我选择的职业。然而成年人的日子里也有很多的挫折!不是每个人都像我这样认为开放空间非常重要,而且,实际上在大多数情况下人们现在依然并不觉得开放空间有多重要。项目的准备、资金、规划、设计质量以及社区开放空间的管理等方面并不能得到充分重视的时候,我经常会感到十分沮丧。因此才有了这本书。

或许,当科学或者社会科学的研究能够证明开放空间的确有利于日常城市生活时,那么公众的态度、政府的政策和行动都可能会改变。我的确心怀希望,特别是因为在我写作本书期间,就已经出现了一些变化。1999年,政府的城镇和乡村公园环境专责委员会(House of Commons,1999)收集到了超过六十个个人和组织提供的证据,并确认了公园具有的极大益处没有得到财政资源支持。2000年的城市白皮书(Department of the Environment, Transport and the Regions,2000)已经开始着手处理一些有关公园的问题,并开始提升公园和开放空间的重要性。后者发起了一项研究计划,对城市公园论坛和政府咨询委员会(或特别工作组)关于城市公园、游乐区和绿色空间的项目进行资助。在我写作本书的时候还并不知道这会带来什么样的成果——但图书正式出版之后我们就该知道了。我希望它能成为一个工具,让我们更加明确城市开放空间对于人们日常生活质量的重要作用,并制定相关地方政策、战略以及投资机制,以更新和维持这些能够为人们的城市生活做出重要贡献的元素。

发生在1998年秋天的某次活动促成了本书的构想。当时我被邀请ix 去伦敦的第一次城市设计联盟周进行演讲,这次活动是由英国景观设

4

卷首插图1　可以玩"木棍激流"游戏的桥,伯恩维尔

卷首插图 2　伯恩维尔帆船俱乐部

计师协会赞助的。在我做好演讲的准备之后，两个问题浮现在了我的脑海中。首先，关于这一主题我真正想说的内容实在是太多了，主办方分配给我的那二十分钟左右的时间根本不够。其次，我已经投入了大量的工作精力到该演讲的准备当中。我并不希望这种努力以及那些我想去表达而没有机会讲述的内容被浪费掉，所以我开始考虑将其出版。很显然，演讲本身有着一个清晰的结构，而且它的篇幅也并不适合在期刊上作为一篇论文被发表。于是我联系了一家出版商，后者很快便接受了这个提议。其余的，正如他们所说，已经成了历史。

xi

致　谢

首先，我要感谢那些帮助我完成相关文献检索工作的同学，包括来自哈雷大学的 Silvia Hahn 和 Anja Fanghaenel，以及 Jamileh Hafezian、Mohsen Faizi 和 Rebecca Hey。Nick Gibbins 也为本书的编写提供了宝贵的技术帮助。

我还要感谢那些给我提供了写作资料的人，包括英格兰体育理事会和英国心脏基金会的工作人员，英国景观设计师协会的馆员 Sheila Harvey，谢菲尔德大学休闲研究系的 Peter Taylor，谢菲尔德大学景观系的 Nigel Dunnett 以及系主任 Carys Swanwick，后者对本书的文字部分提供了很好的建议。另外，谢菲尔德市议会的三位同行通过详阅书稿、提供信息资源，或花费时间与我谈话交流，为我的写作提供了帮助，在此特别对 Martin Page、Liz Neild-Banks 和 David Cooper 表示衷心感谢。

共有五十个景观设计师的实践作品愿意提供相关案例的研究信息，我非常感谢他们。特别是那些被我选中并用于本书中的案例的景观设计师，他们帮助我完成了这些案例研究的文字部分。在此，也要对那些为案例研究提供了图片版权的项目表示衷心感谢。

在本书的研究和写作过程中，我的同事和朋友，来自谢菲尔德大学心理学系的 Christopher Spencer 博士，始终如一地给予了很多无私的支持和鼓励。我非常感谢他在道义和学术上提供的支持，他总是认真地阅读我的文字，帮我寻找一些学术期刊上的相关文章，并与我进行了大量卓有成效的讨论——往往就在位于我们两个系之间的韦斯顿公园博物馆中的咖啡厅里。

最后我要向我的爱人Mike表达永恒的感激，他忍受了我在漫长的书稿写作过程中的所有跌宕起伏，并接手了家中的各种闲杂家务，间或还帮助我处理了一些文字和编校工作。如果我在家中写作，Mike还得帮忙处理那些我不知道怎么弄出来的电脑故障！我们的儿子James在我的写作过程中很有耐心，但是女儿Emma的到来多少推迟了一点书稿完成的时间。然而，这两个小天使通过他们自己的体验和快乐，让我更多地了解到了城市开放空间的重要性。

我对下列在正文第一和第二部分提供了图片版权的个人和组织表示感谢：

Nigel Dunnett：5.2，5.3

Federation of City Farms and Community Gardens：2.3，4.3，6.13，6.14

Learning Through Landscapes：1.1，6.8，6.9

National Urban Forestry Unit：7.5，7.6

Panni Poh Yoke Loh at Green City Action，Abbeyfield Park，Sheffield：1.4，1.6

Larraine Worpole：1.8，5.4，7.2

相关章节的其余插图由作者提供。

我要感谢下列景观设计项目，它们在书中的案例研究部分提供了很多有用的信息和插图素材。此外，我也非常感谢大多数的组织都为案例研究提供了图片版权。

邻里及消遣型城市开放空间

Sherwood, Longsands and Cottam, Preston, Lancashire:Trevor Bridge,Trevor Bridge Associates, Ashton-under-Lyne, Lancashire. Photograph copyright:Trevor Bridge Associates.

Northwestern Gardens, Llandudno: Bridget Snaith and Richard Peckham, Bridget Snaith Landscape Design, Chester. Photograph copyright: Christian Smith.

Stormont Estate Playpark, Belfast, Northern Ireland: Henry Irwin, Department of Finance and Personnel, Northern Ireland. Photograph copyright: Department of Finance and Personnell, Northern Ireland.

Redgates School Sensory Garden for Children with Special Educational Needs, Croydon: Robert Petrow, Robert Petrow Associates, New Malden, Surrey. Photograph copyright: Robert Petrow Associates.

Spring Gardens, Buxton, Derbyshire: Andrew Harland, Landscape Design Associates, Peterborough. Photograph copyright: Landscape Design Associates.

Stockley Golf Course, London: Bernard Ede, Bernard Ede Associates, Warminster. Photographs copyright Bernard Ede Associates. Photograph 1 copyright: Marcus Taylor.

公共城市开放空间

Victoria Square, Birmingham: Adrian Rourke, The Landscape Practice Group, Birmingham City Council, Birmingham. Photographs by Gareth Lewis. Photograph copyright: Birmingham City Council.

The Peace Gardens, Sheffield: Richard Watts, Development, Environment and Leisure, Sheffield City Council, Sheffield. Photograph copyright: Sheffield City Council, Communication Service.

Edinburgh Park, Edinburgh: Ian White, Ian White Associates, Edinburgh. Photograph copyright: Ian White Associates.

Mold Community Hospital: Nigel Ford of Capita Property Services Limited. Photographs by Clwydian Community Healthcare Trust (now North East Wales NHS Trust), Cardiff. Photograph copyright: Capita Property Services.

Heriot-Watt University, Riccarton Campus, Edinburgh: Mike Browell, Weddle Landscape Design, Sheffield, South Yorkshire. Photograph copyright: Weddle Landscape Design.

Curzon Street Courtyard: Lionel Fanshawe, The Terra Firma

Consultancy, Petersfield, Hampshire. Photograph copyright: The Terra Firma Consultancy.

Marie Curie 'Garden of Hope', Finchley, London: Rupert Lovell, David Huskisson Associates, Tunbridge Wells, Kent. Photograph copyright: David Huskisson Associates.

Chatham Maritime Regeneration: David Comben, Gibberd Landscape Design, London. Photograph copyright: Gibberd Landscape Design.

Black Country Route Sculptures, Wolverhampton: David Purdie, Landscape Section, Regeneration and Environment, Wolverhampton City. Photograph copyright: Wolverhampton City Council.

Victoria Quays, Sheffield Canal Basin, Sheffield: Judy Grice and Susan Smith, British Waterways, Rugby. Photograph copyright: Destination Sheffield and British Waterways.

导　言

城市生活

数百年来,城市变得越来越重要,而当下城市人口的急剧膨胀,被一些人视为关乎地球未来的关键因素。从村庄和农村生活到城市"文明"的转变产生了社会和环境两方面的影响;城市人口的增长和相应的工业化发展,导致了一系列不利的,往往是非人性化的结果。在1800年,伦敦是世界上唯一一个有100万人口的城市,而当时世界前100个大城市总共只拥有2000万人口。到1990年,世界前100个大城市共有5.4亿人,当中生活在前20个大城市的人口共有2.2亿(Girardet,1996)。到1991年,英国有超过80%的人生活在人口超过10 000的城镇和城市(OPCS,1993)。

预计到2025年全球将有一半的人口,预期大约30亿人,会居住在城市中(UNCHS,1996)。因此,世界各地的城市及其环境将在越来越多的人的日常生活中变得极为重要。城市环境的品质将对广泛的日常生活元素产生影响,包括住房、教育、健康、犯罪、就业和娱乐,无论是个人,还是社区或作为一个整体的群体都离不开它。在世界上不同的国家中,城市生活质量将由影响到每个国家的因素来决定,诸如不同的人的需要、各异的自然经济条件等。关于需求的结构框架——包括生理、安全、归属、自尊、实现、认知和审美——已经由马斯洛(1954)提出。在这个结构框架中,生理、安全和归属被视为是最强的,属于更基本的需求,而认知和审美则是最弱的。所以情况很可能是,世界不同地区的不同群体处于这个框架中的不同层次。例如，发展中国家可能会更加集中于实现最基本的那些需求，而在许多发达国家，那些奢侈的、更弱的需求能够通过许多途径得到表达，例如对外部环境的审美欣赏。这个分析当然多少有些简单化了，但可以想象的是，一个没有食物和住所的人不太可能把生活的精力集中在那些更美好的事物上。话虽如此，即便在比较发达的国家，如果工业化和人口增长带来的不利影响得不到解决，在不久的未来，我们也可能会面对那些属于基本层次的需要。

这些显著增加的人口以及朝向城市中心的人口移动在许多方面都伴随着极大的变化，诸如能源的使用，粮食、能源、材料的消耗和相关的污染等。全世界能源消耗总量的增长，以及燃料类型的变化——尤其是化石燃料消耗的急剧增加——已经在过去的一百五十年里导致了污染的恶化（Rayner and Malone, 1998a）。经济合作与发展组织（OECD）已经总结了城市地区所面临的环境问题，诸如空气污染、水污染、废弃物、噪声污染、城市发展对土地的压力、城市生活质量的恶化和城市景观的退化等（OECD, 1990）。

开放空间是对于城市地区居住人群的日常生活来说非常重要的城市环境。但在针对建筑和形式的争论过程中，城市开放空间的重要性往往被置诸脑后。开放空间可能在欠发达国家没有得到足够的重视，关于这一点可能存在争议，但城市开放空间的重要性在于它们能够提供许多不同的效益和机会。大量正在使用城市开放空间的人以及他们为城市开放空间赋予的价值都证明了这一点。

本书将会重点介绍开放空间对于人们日常生活的重要性和相关性，不论是基于个人，还是作为西方发达国家的社区中的一员。也许本书的读者很少需要经由说服才会认同城市地区中开放空间的重要性。但是很有可能许多读者需要在讨论会上对城市开放空间的创建、保护和资源管理进行论证，与项目委托人、政客以及资助机构进行辩论，而在这些场合里，上述的见解并没有占据支配地位。所以，本书并没有停留在一个针对城市开放空间之重要性的舒适的、共同的假设上，而是为专业人士和学者提供了证据，以支持城市开放空间在个人、社区和公民层面上非常重要的论断。大多数的景观从业者并不能获取这些相关的证据，因为他们接受专业训练的时间大都在本书所涉及的相关项目完成之前，而本书的目的之一就是提供一个简略的指南，介绍那些能够证明城市开放空间可以提供效益和机会的证据。在城市肌理中有许多类型的开放空间，而本书从使用者的角度对不同的开放空间进行了讨论。各种不同类型的城市开放空间的重要性可能会在人生的不同时期得到体现。可供人们使用的一些城市开放空间类型也通过案例研究进行了展示。

什么是开放空间？

这个问题的答案似乎十分明显，但事实上并非如此。关于开放空间，众多作家和思想家使用了一系列不同的定义。开放空间可以如此定义：城市中没有被汽车和建筑覆盖的土地和水面，或是市区任何未被开发的土地（Gold，1980）。另一方面，坦科尔（1963）认为开放空间不仅是没有建筑覆盖的土地或者水面，还应包括土地上的空间和阳光。克兰兹（1982）则认为，开放空间是完全开放的流动领域，也就是说，城市可以流入公园的同时公园也可以流入城市。

从使用者的角度来看，开放空间也被描述为一个允许多种活动存在的舞台，包括必要性活动、可选性活动和社会性活动（Gehl，1987）。必要性活动是"近乎强制的"，包括上学、工作、购物和等候公共汽车。它们必然发生，因此它们的存在并不依赖于物理环境；当这些活动发生的空间得到良好的构思、设计和管理之后，它们可以在多大程度上提高人们的生活质量，对于这个问题并没有一个准确的答案。可选性活动被描述为"如果有想法和时间的话"，可能会以这样的形式出现：散散步呼吸新鲜空气，站立一晌，坐下一会或者晒晒日光浴。可选性活动只有在天气或场所让人们感到合乎心意时才会发生。因此，这些活动都非常依赖于外部环境和环境的质量。社会性活动，被认为是从必要性和可选性活动演变而来的。这类活动至少需要一个他人存在，可能包括儿童玩耍、问候和交谈、社区活动,以及观看或者聆听他人等静态活动。物理环境的设计和管理,可以明显地影响到这些社会性活动机会的增加。

许多研究者都证明了环境和行为之间存在着关联。这种关联可能是有意识的,也可能是无意识的,它可能对个人和整个社会产生有益或者有害的影响。环境并不是唯一决定行为的因素,但它往往是我们在危险时刻所忽略的因素。甚至,我想建议,在我国比较贫困的地区,那些政府正在准备整体重建的地区,可能存在着对一个具有周详设计和良好管理的各种开放空间最大的需求。

当然,开放空间可以在物理上通过它们的法定所有权和边界来定义,但是拥有这个空间的人的感知也是很重要的。有些开放空间专门被一个人或少数几个人使用,而其他的开放空间则由更多的人分享。还有一些开放空间被看作面向或者说属于所有人的。因此,人们可以从中体验到包容和排斥。关于空间使用的最著名的定义是在大约三十年前被提出的,即公共、半公共、半私人和私人的开放空间分类 (Newman, 1972)。私人的开放空间可能是最容易理解的,包括属于个人的花园。公共开放空间可以被认为是如公园和广场之类的空间。半私人开放空间包括那些使用人数有限的空间,但那里一般并不欢迎普通市民。这样的开放空间可能包括住宅或者公寓的庭院、共享花园和游乐空间。半公共开放空间可能包括在有限的时间内对公众开放的空间,或者一般被社会当中的特定群体使用的空间,如学校操场。

沃尔泽(1986)描述了不同类型的公共空间的定义,包括室内和室外:

> 公共空间,即我们与陌生人,或者那些不是我们的亲戚、朋友或同事的人分享的空间。
>
> 它是政治、宗教、商业、运动的空间,也是和平共处和非私人邂逅的空间。
>
> 它的特征表达并且塑造了我们的公共生活、公民文化、日常话语。

沃尔泽提出了两种类型的公共空间，即专一式空间和开放式空间。他认为，前者在设计、规划、建造和使用上只考虑了单一类型的活动。这样的例子可能是一个中央商务区，对此类空间的使用不仅方式单一，而且经常与快节奏相关。另一方面，开放式空间包括广场、商场等，其中的各种建筑创造了混合式使用环境，而且这种空间本身更可能被用于慢节奏的活动，如观看、散步、聊天、吃午饭、讨论政治和世界话题等。这些专一式和开放式的空间，在一定程度上反映了上文中盖尔（1987）所说的必要性、可选性和社会性活动。

城市开放空间

随着21世纪的到来以及时间的不断前进，城市将成为越来越多人的家园，而城市居民生活质量的重要性也将变得更加突出。不论开放空间被如何定义，也不论在什么国家，毫无疑问的是，大都市里总归会有许多的开放空间。这些开放空间会如何影响城市居民的生活质量？人们在其中又会得到什么益处和机会？它们会被怎样使用？这些开放空间对人的生活是否重要？当然，这些空间的使用者们从来不会花上数小时的时间来讨论他们所使用的空间类型的定义，也不会去讨论这些城市开放空间提供的效益，但是他们会亲身体验到这些开放空间的益处，有时还会把这看作理所当然。而且，他们真的会珍视和"占有"这些空间，并把它们当作自己日常生活的一部分，因为在城市环境中，这些空间不论对个人还是集体的生活品质都有很大的贡献。

本书分为三个部分，因为这是编排本书文字的最好形式。每个部分再进一步细分为数章。

第一部分旨在借鉴来自不同的学术和专业来源的研究，以证明开放空间在城市居民的日常生活中可以提供很多的机会和效益。然而，它并不是一个全面的文献检索，所以不论本书的读者具有怎样的知识背景，我相信都会存在更多的相关文章。如果所有的文献都被提及，那么这本书就会变得烦琐冗长，并让某些我希望能对这本书产生兴趣的读者望而却步。我的主要想法是要表明，城市中的开放空间由于众多非常广泛的因素而变得非常重要。或许其中的意义并不那么容易被一些人所承认，因为使用者数量并没有被准确记录，人们也不必付费来使用相关的设施，但是这并不能让我们否认在日常的城市生活中，开放空间所产生的重要作用。第一章论述了开放空间的社会效益和机会，主题包括儿童的玩耍、静态消遣活动、动态消遣活动、社区的焦点、文化的焦点和教育的机会。第二章讨论了开放空间的健康效益，包括身体健康（锻炼的机会）、心理健康（自然的滋补效应）、"接近自然"的体验自然在城市中的美学重要性。第三章聚焦于开放空间的环境效益和机会，讨论了城市的气候和环境，以及树木和绿地如何可以改善前者。此外。开放空间对野生动物栖息地提供的机会也得到了讨论。第四章讨论了城市开放空间的经济效益和机会。在这方面的研究还比较有限，但是树木和开放空间对于房产价值、就业机会、农作物生产以及旅游业的影响得到了简要的讨论。

多年来不同的作者都在发展开放空间的层次结构，但本书的第二部分把城市开放空间看作所有人的空间。在人生的不同阶段，我们可能有机会到达和使用不同类型的开放空间，所有的这些经历都提高了我们的生活质量。当我们还是孩子的时候，花园和公园可能会比较重要；当我们住院的时候，医院的环境会很重要；如果是在城市中工作，那么在午餐的时候能有机会去广场、绿地休息片刻，这可能有助于缓解日常烦闷。交通廊道对于那些整天花费数小时在交通旅途上的人而言正越来越重要，而墓地不仅仅是我们肉体生命的安息之地，也是一个能够让我们平息失去亲友之痛苦的地方。

景观设计作为一种行业，在英国仍然没有像它本应该得到的那样被公众完全认知。我们并不善于谈论自己，或是影响社会中那些呼风唤雨的大腕，不论是当地的、区域的，还是全国的。然而，这是一个重要的行业，因为它是规划、设计和管理我们外部城市环境的基础。我相信在我国有许多很好的景观设计案例被应用到了城市开放空间当中，所以书中的第三部分从理论走向了更为实用性的案例研究。这些研究都涉及家

庭、邻里和市民的城市开放空间，并且都是由一个包含注册景观设计师在内的团队促成的外部环境实例。它们涵盖了一系列类型和规模的场地、设计、融资机会以及城市使用者。

5

第一部分

开放空间的效益和机会

导　论

欧洲理事会对开放空间及其重要性做了如下阐释：

> 开放空间是城市遗产的重要组成部分，是能够影响城市建筑和美学形式的重要元素，它发挥着重要的教育作用，具有显著的生态服务功能，不仅对社交互动非常重要，更能促进社区发展，支持各类经济活动。特别是，它有助于减少内在于欧洲城市中的贫困地区的紧张氛围和冲突；它在提供社区所需的娱乐和休闲方面发挥了重要的作用，而且环境的改善同时也增加了经济价值。(Council of Europe, 1986)

开放空间的存在为城市提供了许多效益和机会。效益可以理解为某些能够给予人们利益的东西，是积极正面的；而"机会"一词，在《牛津英语词典》中的解释是，一个"有利的时机"或"由环境提供的开放性"。因此，城市开放空间提供了机会，或者说，为某些活动敞开了大门，例如玩耍、观看以及散步，而与这些活动相关的效益能够改善精神或身体健康。

尽管在术语上存在一些分歧，但是作者们都认同开放空间在城市中产生了效益。例如柯林斯（1994）指出，安大略省公园和游憩联合会将公园和游憩的效益，分为个人、社会、经济和环境四个类别。在对当时可能搜集到的文献进行了有价值的梳理之后,德赖弗和罗森赛尔(1978)辨识出了包括树木及其他元素在内的绿色空间所具有的社会效益,如:

- 开发、应用并测试技巧及能力,以取得更好的价值感。
- 锻炼以保持身体健康。
- 休息,不论在身体上还是精神上。
- 与亲密的朋友和其他开放空间使用者联系交流,一起发展新的友谊并培养一种更好的社交感觉。
- 获得社会认同,提升自尊。
- 加强家庭亲属关系和团结。
- 教育和领导他人,尤其是帮助并指导未成年人的成长、学习和发展。
- 反思个人价值和社会价值。
- 感受自由、独立,以及比在更有组织的家庭和工作环境中更多地拥有控制权的体验。
- 在精神上成长。
- 应用和发展创造力。
- 更多地了解自然,尤其是自然的过程、人类对它们的依赖,以及如何更加和谐地与自然共存。
- 探索和感受刺激,特别是作为一种应对无聊的、要求不高的工作,以及满足好奇心和探索需要的手段。
- 通过暂时地逃离社会交往和物质生活中的那些不快的体验,不论它们来源于家庭、邻里还是工作环境的方方面面,来补充能量和活力。这些不快的体验包括噪声、有太多的事情要做、别人的要求、时间的压力、拥挤、绿色空间或者开放空间的缺乏、私人生活的缺失、污染、不安全的环境以及对工作的需求等。

环境部将开放空间和城市绿地的效益分为三大类别:经济复兴、环境和教育,以及社会和文化(Department of the Environment,1996)。欧洲理事会把开放空间描述为"一个地方的公共客厅"(Council of Europe, 1986),并指出,开放空间还承担着教育的作用,具有生态方面的意义,对于社会交往十分重要,可以通过个人责任管理为社区发展提供机会,创造社区自豪感,此外开放空间还有娱乐和休闲的功能。

　　最近,交通运输、地方政府和区域部已经在城市绿色空间工作小组的专题报告中肯定了开放空间在城市中的效益:"通过提高居住在城镇和城市的人民的生活质量,来改造环境,特别是在高密度市区,并鼓励向过去的破败地区投资。"(Department of Transpot, Local Government and the Regions, 2001)

　　这些效益在社会、环境和经济方面正越来越多地被接受,并将在本书的第一部分得到讨论。第一章讨论了一些在人们的日常生活中非常重要的社会效益,即开放空间的价值在于可以供人们玩耍或者看孩子们玩耍,在于遛狗、朋友聚会,或者仅仅是观看这世界的斗转星移。这些效益能够通过不同的方式得到体验,或个人,或与几个朋友,或与社区内的组织和团体,又或与所有的邻居一起。最近由交通运输、地方政府和区域部组织的研究(Dunnett et al., 2002)阐明了一个事实,即除了社会效益和机会之外,城市开放空间还提供了关于身体和精神健康的特殊机会,这些将会在第二章中得到讨论。环境效益会惠及每一个人,不论他们意识到了与否:第三章讨论了城市的微气候和环境,以及一些城市开放空间对微气候带来的改善效益。此外,该章节还讨论了由于野生动物在城市中存在而产生的环境效益。城市开放空间的经济效益将在第四章得到讨论,正如我们将会看到的,关于这部分效益的证据比别的要少,尤其是在英国。然而,一些议题,例如对房产价值的影响、开放空间能够提供的就业机会、农作物生产及旅游的机会等将会得到简要的讨论,此外,近期正在探索中的一些证据表明,城市开放空间可以在城市再生中发挥重要作用。

7

8

第一章　社会效益和机会

导　论

或许可以说，开放空间为城市生活提供的最明显的效益和机会就是社会效益——让人们能有点事做，能参与到各种活动中，或者也就仅仅是待在那里。有时，这些机会只提供给单独的一个人，有时，则是与熟人或者朋友圈子的一些人一起共享。在其他一些场合，这样的机会已经成了邻里、社区或兴趣小组生活的一部分。本章将从以下几个方面来讨论社会效益和机会：儿童的玩耍、静态消遣活动、动态消遣活动、社区的焦点、文化的焦点和教育的机会等。

儿童的玩耍在儿童成长发展过程中发挥的重要作用有时会被忽略。该方面将得到一定篇幅的讨论，因为有证据表明玩耍的重要性甚至达到了生命基石之一的程度。其中一些证据非常重要，因为它们把儿童放在了第一位进行考虑，或者试图从儿童的角度出发来了解城市环境，而不是从成年人的角度。如果把玩耍和其他效益结合在一起考虑的话，我们可以看到，玩耍和健康效益有着清晰的联系（这将会在第二章中得到讨论），同时玩耍也能够帮助儿童获得和保持健康的生活态度。

现在有较多的证据表明，静态型活动是城市开放空间中最经常进行的活动，尽管在感觉上有人一直认为动态型活动（特别是足球）是利用城市开放空间的主要方式。这些静态型活动包括观看（例如，观看孩子、树木植物、水、野生生物、他人的活动）、阅读、朋友聚会以及去咖啡馆点一杯咖啡。这些静态型活动可以与城市开放空间提供的让人恢复精神健康的机会联系起来。这种效益已经得到了清晰的表述，即休息、放松和远离一切尘嚣。

　　动态消遣活动往往以群体形式展开，可能是某种运动，如足球、篮球、棒球、保龄球或者网球。有人担心这类活动的效益会被限制于有组织的俱乐部和团体使用者，而在一些城市地区，把公共场所作为临时的网球场或草地保龄球场进行使用会被阻止（Dunnett et al.，2002）。一些动态型活动，例如慢跑，既能一个人进行，也能以小组形式展开，而散步则可能更多是以个人或家庭朋友小组的形式展开。在一些地区，为了残疾人、妇女或那些想通过"步行变得健康"的人而存在的团体组织正越来越多。所有的这些活动都与健康问题密切相关，而这又巩固了城市开放空间可以提供此类效益的机会。

　　城市开放空间可以成为社区焦点的事实是显而易见的，因为许多活动确实需要空间，且不管是小型的还是大型的，都吸引了大量的人群——事实上，全国各地正在参与这些活动的估算人数，要比那些在城市开放空间中参与体育活动的人多得多（Dunnett et al.，2002）。这些活动可能由管理员来组织（可能是妇女们的步行活动或者儿童在学校放假时的教育活动），也可能由社区团体来组织（如售卖植栽的交易市场、宗教集会和庆典），或者由地方当局组织（如表演、烟花秀和音乐活动），或者由商业机构组织（如马戏团、展览会和大型音乐活动）。这些活动有助于提高城市开放空间为社区赋予的价值。

　　很少有证据表明城市开放空间作为文化焦点的重要性——尤其是在英国，尽管有越来越多的研究正在这个领域开展。地方当局一直在保存这些活动的记录，但相关记录显示许多的活动都针对着特定的文化或者宗教群体。在美国的研究中也有关于不同文化群体的空间使用模式的证据，美国人对此进行了简单的讨论，但这种研究在英国很少。

　　对教育机会和开放空间效益的讨论不仅涉及学校的场地，虽然该场地也许是对这些机会而言最为显而易见的城市开放空间，还涉及其他许多机构组织，这些组织多年以来促进了不同种类的城市开放空间的 9 机会。

当然，这些不同的社会效益和机会往往不是独立存在的，基于一种目的去使用公共空间，可能会导致，或者说通常会导致预期之外的另一种效益。这样的情况时有发生，当人们把孩子带到城市开放空间进行活动的时候，通常这段时间也提供了一个机会可以暂时远离家庭或工作中的问题，或者失业的压力，从而完成一种精神上的恢复，即便只是从其他带着孩子玩耍的大人那里了解到了一些社区新闻。

儿童的玩耍

"现代文明用它的黑手
干涉了儿童自发的玩耍"（Hurtwood，1968）

除去那些特别活跃的运动，如足球、网球和板球，儿童的玩耍是城市开放空间的一种非常重要的活动。目前已经得到证实，带孩子玩耍是很多人去城市开放空间的主要原因之一（Greenhalgh and Worpole，1995；Dunnett et al.，2002）。在孩子的成长过程中，玩耍发挥的重要作用已经在广泛的研究中得到了证明，且正被越来越多的人所接受，不仅专业人士，就连在专业方面没有受过训练的普通百姓也是如此。玩耍在发展孩子们的许多社交能力方面显得十分重要，包括协作能力、沟通技巧、承受和解决情绪危机的能力、处理冲突以及培养道德认知等（参见 Taylor，1998）。玩耍对认知技能的培养和发展也很重要，例如语言的表达和理解，实验和解决问题的能力。除此之外，发挥创造力的机会也非常重要。对成年人活动的模仿也被认为是儿童玩耍的一个重要方面，这能让他们更接近成年人的世界，并帮助他们建构自己的身份，独立于那些他们可能会经常依赖的成年人，例如他们的父母（Noschis，1992）。

全国运动场协会（NPFA，2000）也在强调那些自由的、大型的室外体育活动环境对于儿童的重要性，认为"这种玩耍为家长和看护者提供了效益，因为他们的孩子玩得高兴，非常活跃，还能学到很多东西"。因此，NPFA 推荐了七类玩耍对象，并认为它们能应用到所有旨在为儿童提供玩耍机会的案例中。

　　儿童的玩耍类型会随着年龄的增长而变化，但有时也与他们在当天的感受有关。关于儿童在街道和运动场上的玩耍的最全面综合的研究，来自彼得·奥佩和艾奥娜·奥佩。他们的研究开始于20世纪60年代，最初只是比较随意的观察，后来才在20世纪70年代开始了有规律的对于运动场地的拜访，到了1983年，他们发现了儿童玩耍的许多不同方面——游戏、互动和童谣等。在20世纪60年代，奥佩夫妇观察到全国各地的儿童在玩不同类型的游戏，如追逐、追赶、寻找、狩猎、赛车、决斗、冒险、猜谜、表演和扮演游戏。最高级的是组织游戏的经验——把人们聚集在一起玩耍，这本身就可以成为一个游戏（Opie and Opie, 1969）。艾奥娜·奥佩在对一个游乐场的定期访问调研的基础上，进行了后续的研究（Opie, 1993）。更新的关于运动场上的活动的研究由比绍普和柯蒂斯（2001）完成，他们探讨了游戏和民间传说，并在一定程度上讨论了20世纪后期人们对于运动场的态度。

　　在其早期关于儿童玩耍的开创性工作中，哈特（1979）讨论了孩子们会如何探索环境，并提出只有真正理解了这种探索行为，人们（所谓成年人）才能够为儿童设计和提供真正有意思的用来玩耍的环境。为了理　10

图1.1　玩耍能帮助儿童培养许多技能

解儿童对于环境的空间认知和经验，即"自己的家门直到已知世界的边缘"，哈特从四个领域对环境的相互作用进行了调查：空间活跃度、场所知识、场所价值以及场所用途。在该研究之下有一个更为基础的概念，即认为儿童对于景观的体验是以一种非常个人化的方式完成的。哈特并没有选择传统的实验室方法，他把自己的研究安排在一个美国的小城镇，那里有一个相对稳定的群体，其中包括86名儿童。最初针对在校儿童的模拟研究得到了好评，而且，不仅与儿童，他甚至与家长们都培养了积极良好的关系。

这种关系在哈特加入儿童对他们当地环境的小世界的探索的时候得到了进一步发展，在采访家长时，哈特被当成孩子的客人对待，甚至成了"孩子团"的一员。和孩子们的讨论效果相当显著，尽管有的时候他们更愿意分享体验，而不只是谈论。这是理解儿童玩耍的一个重要方面。该研究采用了诸如观察、采访、日记、绘制地图、对家长的问卷以及对儿童的活动调查等方法，持续了将近两年的时间。通过对孩子们的采访和由他们主导的探索环境活动，将他们最喜爱的地方标识出来。调查显示，在实际活动中发现的他们最喜爱的地方比在教室里做访谈时能让他们想起来的地方多得多。这些地方会因为各种不同的原因而显得较有价值：儿童们在玩耍的时候使用过；社交方面的原因，比如在那里发生过什么活动；他们在那里买过东西，或者是感觉上、看起来比较喜欢那个地方。孩子们比较认可的使用功能包括"球场"，也就是作为球类比赛和举办年度集会的场地；还有"小河"，也就是那些可以"钓鱼和戏水"的地方，孩子们也可以在那里堆沙雕、建房子；还有很多地方创造了一些活动的机会，例如攀爬、玩滑梯、躲猫猫、骑行等。这一创造性的工作揭示了在这个研究中的儿童着实能够对当地的环境及其提供的玩耍机会有很好的的了解。在孩子们看来很重要的品质包括"有沙子/泥土、小浅池或小溪、地形上的小起伏、低矮的小树和灌木，以及高且杂乱的草丛"等。虽然这些东西不是设计师和游乐设施供应商经常会包含在游乐场或住房设计中的元素，但事实上这些元素真的能够为儿童的成长发展提供环境。哈特总结道，一个非常重要的因素就是环境应当有助于孩子

图1.2　被所有人喜爱的水

们玩耍,应该能被孩子们改造。

此外,这一开创性的工作还掀起了早期的讨论热潮,当时的议题现在被称为"巢域"(home range),即儿童可以在多大的区域范围内不被监管地玩耍和探索城市环境。这项工作表明,孩子外出自由玩耍的最远距离和两个因素相关,他们的年龄和性别;男孩被允许外出的距离更远,而且距离会随年龄的增加而增加。应该注意的是,哈特清楚地描述了外出的"可允许"范围或目的地,实际上是孩子和家长(大多是母亲)协商确定的,家长们会让孩子理解设置这些限制的原因(Hart, 1979)。也不知道在二十年后的今天,孩子们的"巢域"是否仍然需要同父母协商?或者因为汽车的增加,以及媒体上经常出现的负面新闻,让父母更加恐惧陌生人,反而把这个范围定得更严?

还有什么能让孩子们在城市的玩耍体验中感觉是有价值的呢?躲藏的地方、植被和水体,是让孩子们可以从他们的游戏活动中受益的三个景观元素,在下面的内容中将会得到着重介绍。

一项关于学龄前儿童对华盛顿特定游乐区的使用情况的研究,揭示了儿童在"庇护地"环境中玩耍的重要性(参见 Appleton,1966),正如儿童可能会描述的一样,"庇护地"指的是一个可以躲藏或者能观察到外部环境的场所;这在成年人看来可能只是个围场。在所有的玩耍活动中,有47%属于这个类型,有意思的是,所有发生这种玩耍活动的场所仅有10%是在设计之初就考虑到了的。这项工作还研究了儿童在三个庇护地参与的不同玩耍活动,并把这些活动分为扮演类(包括家庭的和冒险的)以及其他非语言类和语言类游戏。其中有两个庇护地是长有植物的运动场角落,而第三个是专门建造的庇护地。扮演类活动占所有玩耍活动的比例在这几个区域内分别为68%、63%以及42%。因此庇护地的类型对于扮演类活动具有很强的支持作用(Kirkby,1989)。在私人花园玩耍的过程中有机会接触的庇护地和私密空间也被认为是最受欢迎的元素,在成年人回顾他们的童年经历时被多次提及(Francis,1995)。

对不同年龄儿童的不同玩耍行为的归纳总结已经形成建议并提供给了从业人员。1—3岁的儿童会在各自的边上玩耍,但不会进行交流、共同享受欢乐并形成各自的角色,而学龄前儿童会继续这些活动,并尝试新的技能,例如跑动、攀爬和挖坑。在小学阶段,孩子们喜欢动物和植物,会进一步探索他们的环境,玩沙子、水和黏土,以及"建造类"游戏。在初中的早期阶段,他们变得更加愿意竞争,更愿意组织活动。而青春期的孩子会更加专注于自己的活动,享受音乐、舞蹈和其他爱好,并在某些情况下变得更加叛逆和喧闹(Coffin,1989)。

有两个在英国开展的研究考察了不同房产类型下的儿童玩耍。第一个研究对孩子家长、没有孩子的成年人以及儿童分别进行了采访,采访对象来自最早建于1950年的十二个住宅区。该研究做了一些观察,也让一些孩子写了短文。其中一个发现是,50%的儿童在到达操场后的15分钟内就已经离开。他们不论坐下还是站立,说话或者徘徊,有时是在找一个朋友,这些活动占据了大量玩耍的时间。此外,该研究也观察到,对于所有的器械设备而言,总是有成群的孩子围绕在它们周围,最多的时候数量甚至超过了实际使用这些器械设备的儿童。因此,这些器械设备可以被看作提供了一个社会焦点(Hole,1966)。第二项研究针对儿童户外活动，在十六个住宅区以及一个儿童游乐场完成了五万个观察样本。无论建筑形式或者人口密度有何差异，观察显示四分之三的孩子都在家附近玩耍，特别是五岁以下的儿童。五分之二的儿童在道路上、车库门前，或在相邻的人行道上玩耍，比那些在花园、游乐区或铺装场地上玩耍的孩子更多。这项研究还发现，最常见的活动分别是：跑动、散步、坐下或站立或躺下。其他最常见的活动是玩自行车和带轮子的玩具，其次是球类以及游乐场的器械设备（Department of the Environment，1973）。

　　在从业人员之间时常会出现一些争论，如在儿童游乐场周边栽种植物是否有价值，以及这些植物是否能给孩子们提供玩耍的机会。在游乐场周围栽种植物会带来一些比较负面的影响，且关联到了一些对于安全问题的忧虑，例如存在陌生人躲藏在这类植被中的可能性，以及这些植被可能会被乱扔垃圾。但也有另外一种选择，即在设计的时候就考虑到让被植物围住的区域仍然能够看到外部的环境，从而使孩子们在玩耍的过程中产生环境已经得到控制的安全感。植物对于儿童来说，可能是玩耍的对象、食物、一项任务、一个障碍、一个装饰或者一种探险，这个结论来自一个在英格兰南部展开的研究，该研究调查了800名8—11岁的儿童（Harvey，1989）。在女孩和男孩的玩耍经历里，植物经常出现，且被同等地喜爱着。只有在考虑到这些经历的类别时，才能在男孩和女孩之间发现一些差别。在玩耍和冒险方面，例如爬树，在草丛中玩耍，在灌木丛中玩捉迷藏，在公园里玩耍，穿越一片林区以及在乡野露营等，男孩会显著地比女孩更多地回忆起这类经历。而另一方面，在植物中发现食物和装饰品，例如，采摘果实和蔬菜，品尝叶子、花或果实，播种并看着它们长大，养一株室内盆栽，把花插在花瓶里，以及制作树叶或花朵标本等，女孩会比男孩明显更多地回忆起这类经历。而且在孩子们的回忆中，这些活动带来的愉悦程度也显示了类似的性别差异。女孩通常会比男孩更积极地对待植物。当孩子们被问及对树木、灌木丛和鲜花的喜好程度时，女孩最喜欢鲜花而男孩最喜欢树木，但他们都不喜欢灌木丛。年龄对经历的差异影响较小，但也有人指出，如果把年龄更小的孩子纳入研

13

究之中,年龄带来的差异可能会更明显。如果根据社会经济状况来分析该调查结果(这项研究涉及的二十一所学校从城市中心区一直延伸到农村),可以发现,来自较高社会经济水平家庭的孩子拥有更多样化和更频繁的对自然的体验,他们也更喜欢与植物进行交流。因此,如果一个开放空间(无论是正式的还是非正式的)是为了孩子的玩耍而设计的,或者说,是为了给孩子们提供玩耍的机会而特意设计的,那么该空间的设计者就应该参照上述研究好好考虑一下植物的重要作用,尤其是树木和花草。

植物本身就可以被设计到玩耍的空间当中。在美国得克萨斯州的奥斯汀,妇女心理康复中心的竹篱笆不仅为活动区域添加了多样性,同时还提供了可用于建造的材料。在美国佐治亚州的多尔蒂县,一栋游乐小屋依偎在成熟的山核桃树下,秋千和吊床悬挂在附近的树木之上。而明克游乐场(也在美国)利用一棵已经枯死的杜松,建造了一个三层的树堡。栽种紫藤可以带来鲜花和树叶,其枝杈还能用来悬挂喂鸟的粮槽。这些都是关于如何将植物用于创造儿童玩耍之机会的例子(Talbot,1989)。也许在英国,可以用柳树代替竹子,这里也有很多的树木可以用来建造树屋。

一个针对芝加哥的公共住房的研究显示,植物对儿童的玩耍具有显著的贡献作用(Taylor et al.,1998)。对室外公共空间的玩耍活动的观察显示,在"许多"树木周围玩耍的儿童的数量,几乎是在"很少"树木周围玩耍的儿童的数量的两倍。树木覆盖水平比较高的空间比树木覆盖水平比较低的空间存在更多的创造性玩耍活动。与成年人的互动也被视为发展儿童社交和认知能力的一个重要方面,因此是否能接近成年人也是这项研究的考察对象。在那些被观察到接近成年人或与成年人进行了交流的儿童当中,去过树木覆盖水平高的空间的人数是去过树木覆盖水平低的空间的人数的两倍。因此,在这个住宅区的室外公共空间中,植物被明确地视作具有玩耍和社交两方面的重要意义。

我们可以观察到,在儿童成长发展的很多方面,玩耍都非常重要,而城市开放空间能够提供许多非常理想的玩耍的机会,但这一点在建设项目的开发过程中却往往会被忽视。玩耍的重要性也可以通过以下事实得到佐证，即人们现在越来越坚信，被剥夺玩耍机会对儿童的发展具有负面影响。下面是儿童因为被剥夺玩耍机会而产生的一些负面影响：

- 在运动方面能力较差
- 更低的身体活动水平
- 欠缺应对压力、打击和突发事件的能力
- 欠缺评估和管理风险的能力
- 较弱的社会技能，这将导致在社交场景中难以和他人交流协商，例如处理冲突和文化差异（National Playing Fields Association，2000）

尽管玩耍对儿童的成长发展有着重要作用，但是在当下的城市环境中仍然存在一些问题，它们对许多儿童的室外玩耍活动机会产生了限制。类似的约束涉及以下几个主题，参见巴拿多儿童慈善组织的研究（McNeish and Roberts，1995）：

- 家长对于孩子安全的焦虑——尤其是孩子们在外面玩耍的时候
- 家长对于陌生人、交通、毒品、霸凌和狗的恐惧
- 家长对于安全的关注
- 游乐设施的缺乏——没有操场或只有一个维护得很差的操场

其中一些问题，例如恐惧陌生人、对安全的关注等，可能是受到了媒体对在本地和全国范围内发生的个别事件的夸张报道的影响。其他的问题，诸如游乐设施的缺乏和玩耍空间的缺失，可以通过增加资源来解决，这肯定是我们的社会进一步迈入21世纪所要面对的一个挑战。

图1.3　静态消遣活动非常重要

静态消遣活动

在英国，用于消遣活动和生活休闲的开放空间占据了14%的城市环境用地（Morgan，1991）。这些开放空间被用于一系列的休闲活动目的，而我们可以把这些活动分为静态型的和动态型的两种类型。动态型的消遣活动经常指的是那些诸如足球、板球、曲棍球等比赛型活动，而静态消遣活动指的是看护子女，或者观赏其他野生生物、欣赏景色、阅读、休息或与朋友聚会等。

自19世纪公园兴起以来，开放空间和公园对于动态型和静态型消遣活动的重要性已经得到普遍接受；而早在19世纪，在公共空间散步就已经被视作开放空间提供的休闲娱乐项目之一（Walker and Duffield，1983）。

来自美国和英国的大量研究都提供了关于在城市公园中开展的消遣活动的信息。多样且频繁的公园活动已被看作城市生活的一部分。公园在午餐时间（Whyte，1980），以及工作日的午后等时间段里得到了很好的利用（More，1985）。在美国俄亥俄州的克利夫兰，斯科特（1997）针对公园内的消遣活动由于工作时间和非工作时间之间越来越大的差异而产生的周期性特征进行了讨论。

图1.4 在公园里下国际象棋

在美国，一些早期的研究探讨了对波士顿和哈特福德的城市公园的
利用，其中记录了两万名使用者在不同季节和每周不同的日子的利用数
据。该研究发现，这两个公园在夏季的两个月被使用了三十万个小时。
社会中的不同群体在不同的日期和时间段里采取了不同的使用模式。
调查结果显示，为了躲避早高峰，单个的成年男性会在清晨利用公园，该 15
期间的主导活动类型为静态型活动，例如散步、观赏、读书和摄影。在早
上的购物时段，妇女和儿童会在公园进行社交或个人活动，例如阅读、观
赏、喂食野生动物以及玩耍。研究显示，在午餐期间，这两个公园表现出
"极高"的活跃程度。尤其是社交活动和女性使用者的活跃程度，这两者
的数据都处于高峰。就餐和交谈是最主要的活动。此时达到的活跃程
度大概会一直持续到下午，尽管在午餐的高峰之后会有所下降，但是交
谈、观赏、喂食野生动物和摄影等活动却频繁发生。下午的下班高峰期，
公园的活跃程度会变低，但仍有孩子在那玩耍，以及一些成年人会在工
作之后进行的休闲活动，此类活动往往伴随着交谈和消费行为。傍晚的

活跃程度则更低,主要的活动包括感情方面的行为(如牵手、接吻),以及消费和交谈。此外,音乐和舞蹈也常常会在这段时间内被观察到。使用者的数量在晚上会一直下降,人们的行为与傍晚的时候类似。夜间,理所应当的,是使用者最少的一个时段。这项研究不仅考虑了在公园发生的活动,还揭示了很多不同类型的人也在使用着公园——不同人种以及社会经济阶层的人,他们确实都在使用同一个公园,大致上,他们也都在容忍着对方。因此,研究者指出,公园是一个中立的场地,人们在这里会忍受各种各样的活动和他人——这是城市里的自由之地(More,1988)。

有其他学者曾指出,英国的城市公园绿地主要与静态型活动相关,但是支持这些活动的相应资源和财政并不能反映这个事实(Bradley and Millward,1986;Greenhalgh and Worpole,1995)。这类静态型活动对于个人生活的重要性在最近已经得到了副首相办公室的研究确认(前身为交通运输、地方政府和区域部,参见Dunnett et al.,2002),该研究清楚地表明,人们使用城市公共开放空间时,最多的是进行静态型活动,其次是赛事活动,最少的是动态型活动。

英国城市公园的当代重要性在格林哈尔格和沃尔博(1995)的研究中已经得到确认,他们指出超过40%的人每天都会利用当地的公园。这项研究包括了对八个公园内的一万人在1994年夏天的某个周日的活动观察,采访了超过一千名公园使用者。它是英国最近几年的第一个清楚记录了公园使用状况的研究。根据记录,每八个人就会携带一条狗,这体现了遛狗一族是我们城市公园的主流使用群体。带孩子去公园也是成年人去公园的一个主要原因。许多成年人会在看护孩子们玩耍的同时进行一些静态型活动,如进行社交活动——也许是谈论天气,或关于学校的问题,或影响子女效益的其他活动。

对于女性来说,开放空间给她们提供的不仅仅是休闲和消遣,还有其他的意义。虽然在某种程度上这只是一种概括性说法,研究指出,作为道德发展典范的"关怀伦理",在女性身上表现得比男性更多。这个所谓"关怀伦理"与很多方面相关,包括照顾儿童、年老亲属、朋友,甚至陌生人(Day,2000)。存在各种各样的原因限制了女性使用公共空间,例如有限的时间、资金和可移动性,社交孤立,缺乏服务,以及情绪制约,如恐惧、责任和社会规范等。关怀伦理被一些人视为对女性使用公共空间的限制,但是这种道德准则也可以成为使用公共空间的积极理由。许多有孩子的女性仅仅在带孩子的时候才会去开放空间,在那里,她们可以一边看护孩子,一边参与讨论,与其他的家长、老人,甚至陌生人交谈。关怀伦理事实上可以为开放空间带来积极影响,因为它能够降低对犯罪的恐惧,并增强安全感(Day,2000)。

可以看到,许多不同的静态型活动发生在我们的城市开放空间中。其中有些活动是社交型的——与其他人待在一起,朋友聚会,照顾孩子,与陌生人交谈;有些是个人型的——远离喧嚣生活的沉思机会,甚至是暂时忘却自我的时刻。其他一些活动则为社区或文化生活中的社会认同和包容提供了机会。

动态消遣活动

政府的家庭调查(一项大约覆盖了12 500人的年度调查)显示,1987—1990年间,有4 100万人次参与了一系列的体育活动,其中也包含步行活动(Collins,1994)。这些运动包括室内和室外的活动,遍及私人和公共场所,但是据柯林斯的估计,每年大约有750万人次使用公园作为这些动态消遣活动的场地,他同时也承认,这部分的使用者只是少数,在公园使用者总数中仅占到16%或者更少的比例。室内运动的人数更容易被记录下来,部分是因为室内活动往往都需要付费,而公园的使用是免费的,大多数地方政府也不会定期记录开放空间的使用者数量。柯林斯认为,机械化程度的提高,例如在工作场所加设节省劳动力的装置,降低了工作过程中的身体活动量,人们所有剧烈活动的70%都在闲暇时间完成,且可以自由进行选择,而不是如同过去那样作为日常工作强制的不可避免的一部分。运动的益处现在已经得到了很好的证明,包括降低心脏疾病和中风的风险、有效控制体重、降低血压,以及预防骨质疏松、背部疼痛和轻度抑郁症。此外,运动可以帮助建立自尊和促进社交生

图1.5　动态消遣活动并不仅是足球

活。能够达到这些效果的运动方式包括跑步、慢跑、骑自行车和行走,而
17　公园等公共场所在此类活动的开展中发挥了重要的作用。

　　在英国,几乎三分之二(2 900万)的成年人参与体育和消遣活动的
频率是每月至少一次;如果将儿童纳入统计的话,这一数字将会上升到
3 600万(Sports Council,1994)。在1987—1990年间,增长最多的运动
类型是步行、游泳、桌球、健身、自行车、高尔夫、跑步、重量训练和足球。
游泳、自行车、足球、步行和网球是年轻人在学校期间最喜欢的运动,
这些运动还占用了他们五分之一的校外时间(English Sports Council,
1997a)。此外,有些小众的活动,例如滑板,对于一些年轻人而言也很重
要,这些年轻小伙子在进行这些体力活动的时候与其他志同道合之人
建立了社交联系,而且还"声称"他们经常活动的室外空间是属于他们
自己的(Woolley and Johns,2001)。60岁以上的男性喜欢散步、游泳、骑
自行车、打高尔夫球和保龄球,而这个年龄段的女性喜欢散步、健身、游
泳、骑自行车和打保龄球(English Sports Council,1997a)。据估算,超过
60岁的人口将会从1975年的3.5亿,在2025年上升到11亿以上,并会达
到世界总人口的14%,这部分人的身体素质和健康问题会得到越来越多
的关注(Diallo,1986)。事实上,很多被归咎于衰老的身体状况,其实是
因缺乏活动而导致的,即"少动综合征"的结果(Bortz,1990)。鼓励老

年人参加体育活动不仅可以提高他们的身体素质和心理健康水平，同时也能够提高他们的智力和寿命（Bortz，1990）。在休闲活动中，人们也可以发展并培养其他的技能。在智利的一项组织老年人参加露营的活动中，人们观察到了社交融合、精神拓展、与自然接触、身体移动能力、创造力、友情和心智发展等益处（Chilean National Committee on Recreation，1986）。某些城市开放空间允许骑自行车但另一些则不行，甚至有一些地方立法阻止在公园内骑车。有一个例子值得一提，布鲁·彼得自行车募捐活动（由一个非常受欢迎的儿童电视节目赞助），该活动旨在为2001年5月初创建的白血病研究基金会募集资金。手足口病疫情的蔓延使得许多农村被禁止进入，于是成千上万的参加活动者不得不在城市里骑行——其中许多人在参加这个活动时使用了他们当地的公园（参见www.bbc.co.uk/bluepeter；最后访问于2001年5月10日）。

一种在近些年发展起来并经常利用开放空间的动态消遣活动也值得一提。"城市户外活动"可以为年轻人和老年人提供机会以培养心理健康水平、自信心、放松感和独立性（Sainsbury，1987）。这些活动被认为特别有利于那些在市中心长大的孩子，以及城市社区内的弱势群体。对于通过"城市户外活动"进行的城市冒险来说，有两个要素尤其必要——机构和活动。机构的重要性在于它们促成了活动。这些机构可能包括资源的所有者，例如公园和休闲活动的管理部门，水体的主管部门、教育工作者和青年协会。此外，服务型组织，例如社会服务部门、拥有技术专家的青年团体和社区小组也是重要的机构，其中，专家可能作为组织户外活动的工作人员，参与并培训了社区小组或商业机构。由这些机构促进的不同种类的活动可以分为以下几个类别：室内活动、水上活动、户外活动、攀爬/绳索活动、寻路/定向运动。水上活动可以在运河、江河或公园湖泊进行，包括建造木筏、乘船航行、玩皮划艇和帆船。户外活动可以包含公园露营，这对于一些在城市里长大的孩子来说是一个新奇的事物、一次巨大的冒险以及珍贵的学习体验。攀爬和绳索活动可以在旧的铁路拱桥或在悬崖上进行，通过锻炼力量、耐力、平衡性和灵活性来保持身体健康。寻路和定向运动也并不一定非要安排到农村地

18 区。大多数公园和城市开放空间也很适合这种活动,而且还能节省经济支出。此外,可以通过路线设计,以便轮椅和婴儿车的使用。这些不同种类的活动必须有受过相应培训的工作人员的支持,它们被认为是"通过对户外环境的认同来培养一种对户外环境的欣赏,而不是那种我们都十分熟悉的反社会的过度行为"(Sainsbury,1987)。

最近有一个名为英国军人健身协会的,旨在推动公园健身的组织发展得不错。该协会成立于1998年,旨在"提供一个独特而且专业的方法,包括精神上和身体上的塑造、探险训练和团队建设等内容。我们鼓励我们的成员在一个有趣并且具有挑战性的环境中达成目标"(参见 http:// www.britmilfit.com;最后访问于2002年5月20日)。许多人在新年过后都会报名参加健身俱乐部,可能是为了弥补圣诞节暴饮暴食所带来的内疚,但是半途而废的比例实在是太高了。相比而言,在英国军人健身协会举办的活动里,中途放弃的比例一直非常低。该组织最初在巴特西发起,后来扩大到伦敦的其他部分,并正在向北方扩散。他们就在公园里开设日常课程,为新手和经验丰富的会员授课,他们的网站上也建议那些简单的练习可以直接在草地或公园座椅上进行。

社会各界都很鼓励残疾人去参与户外体育活动,例如个人和团体的球类运动、田径和露营等,这些活动已经被证明能够提供多样的乐趣和个人进步的机会(De Potter,1981)。据估算,在英国共有620万人具有某种类型的身体功能障碍。切斯特郡议会是率先委任体育发展官员的先驱之一。培训足球技能一直是这个项目的重要组成部分,不只是因为运动可以培养身体的灵活性和协调性,还因为它可以帮助培养自信和激发热情(Jackson,1991)。许多体育运动和消遣活动都可以让身体功能障碍人士参加。帆船被认为是身体功能障碍人士能够与身体健全的人们在同等条件下竞争的活动之一。约3 000名视障人士参与了某种类似形式的运动。视障人士中最流行的活动是保龄球,而其他的一些活动,例如悬挂式滑翔、板球(使用一种特殊的大球)和足球(可以在球上安置一个响铃),也是他们可以很容易地参与其中的活动。也许视障人士参与的最成功的运动是田径,在这里,视力正常者和视力障碍者之间的差异很小(Pinder,1991)。

散步、骑自行车、跑步、网球、足球、高尔夫球、保龄球和滑板等一系列户外活动都深受大量不同阶层的英国人喜爱。事实上，在城市地区，开放空间可以为众多动态型活动提供机会，这对国民健康和社会结构是非常重要的。

动态消遣活动：减少不文明行为和犯罪行为

过去，人们一直认为在开放空间进行的体育运动可能会减少不文明行为。这是一些早期的公园提供者所提出的意见，但也得到了政府在20世纪早期的呼应，后者期望体育运动可以"减少青少年犯罪，提高未来在军队服役的义务兵的身体健康水平"（Turner, 1996a）。最近，人们认为参与体育运动有助于减少诸如破坏公物和吸毒等反社会行为。因此，一些组织越来越多地将户外运动视为一种有意义的替代方案，即让可能从事犯罪活动的年轻人转向户外体育运动。青少年参与犯罪的数字是惊人的，在已经定罪或者被正式警告的犯罪者中有45%的人年龄在10—21岁之间（English Sports Council, 1997）。事实上，有报道显示，每年有700万例犯罪案件（涉及10亿英镑）是由10—17岁的青少年犯下的（English Sports Council, 1997c）。

继1987—1990年间在索伦特地区开展的体育辅导项目之后，一个类似的项目在1993年1月至1995年12月之间，于西约克郡开展（Nichols and Taylor, 1996）。在这个项目中，服缓刑的青少年需要接受体育运动指导员的单独辅导，每周参加3小时，至少持续12周。为每个人量身定制的活动方案综合了众多核心要素，例如对当地的体育设施、俱乐部和休憩中心的了解，以及不同的户外活动经验等。没有接受体育辅导的对照组也被纳入了该项目的观察对象，并分别使用了定量和定性的监测措施。该研究对辅导组和对照组的再被定罪率进行了为期2年的监测，结果显示，虽然预测的再被定罪率为63.8%，但是那些参与过辅导计划的人只有49%被再次定罪。此外，参与者中的15%获得了体育运动的资格认证，57%获得了"休闲护照"，还有42%参观了当地的体育俱乐部。该项

19

目也证明了诸多"定性"方面的效益,包括一系列相互关联的益处,如改善身形、建立自尊、获得新的机会、体育指导员带来的积极榜样,以及通过建立一种新的自我认知而在生活中结识新的伙伴。该项目大量利用了城市开放空间,因此可以说,开放空间的重要性也在于其对减少服缓刑者数量可能做出的贡献。

最近,运动英格兰(前身为英格兰体育理事会)连同青少年司法委员会和英国反毒品协调小组发起了一个名为"积极的未来"的项目。这个项目将会在英格兰的24个地区开展,旨在让那些有脱离社会的风险的年轻人参与到体育和休憩活动中去。我们希望这能减少青少年违法,降低10—16岁的青少年中的药物滥用,并鼓励他们参加运动和体力活动。关于体育、培训、指导、教育和领导力的课程也都包含在该项目中(Sport England,2000a)。再一次地,许多的这类活动都在我们的城市开放空间中开展,可见开放空间确实能通过减少潜在的犯罪来对社会做出贡献。

社区的焦点

许多来自规划、设计和社会学等不同学科的学者都在问这样一个问题,如何才能培养社区意识——他们建议的解决方案包括对资源的认真规划、考虑理想的人口规模,以及符号化的标识等。近年来的研究通过一系列的调查已经证实了开放空间作为社区焦点的重要性,或者说作为一个人们可以与其他人见面(包括正式和非正式的会面)的地方的重要性。对于一些城市开放空间来说,它们的重要性不单单在于提供了多样的可能性用途,更在于其空间的历史特征;另一方面,公民自豪感不仅可以通过历史价值,而且可以通过个人或社区为城市开放空间创造的社会或园艺方面的价值来培养。

在英国,城市公园常常被用来举办各类活动,特别是那些可以提高社区意识的活动。这其中就包括据估计有5万人参加的、在豪恩斯洛举办的劳动节庆典,约有2万人参加的、在莱斯特举办的印度教祷告会,约1 500人参加的、在卡迪夫举办的商讨残障儿童问题的活动,以及约有1.5

图1.6　多元文化节,阿比费尔德公园,谢菲尔德

万人参加的、在佩卡姆莱举办的爱尔兰节日(Greenhalgh and Worpole, 1995)。许多城镇曾经有过,而且很有可能还会继续举办这样的公众集会:例如在谢菲尔德的圣灵降临节那天,主日学校的人们将从城市各地的不同地方虔诚地步行前往公园,他们拿着旗帜在那里聚会(Hoyles, 1994)。谢菲尔德的某一个公园曾经在2001年试图重新引入这个"圣歌演唱"活动。除此之外还有成千上万的其他活动,比如学校运动会、观景小径、慈善晚会、宗教集会、植树节、少数民族集会、游乐集会和马戏表演等。许多地方政府必须根据体育、文化和季节性事宜来安排规划一年的活动。近年来,公园和广场在英国很受流行音乐和古典音乐活动的青睐,且有时还会承担筹集善款的功能,例如公园音乐节和公园舞会。据估计,每年参与这些在城市公共开放空间内举办的活动的人数,已经超过了在这些空间里长期活动的人数(Dunnett et al., 2002)。

　　对社区来说,重要的不仅仅是那些大型的正式活动。格林哈尔格和沃尔博(1995)研究发现,大约有三分之一进入公园的人是独自前往的,而另外三分之一同一位朋友一道,最后的三分之一则是与一大群人一起。家人和朋友们经常使用城市公园来见面,或者带孩子骑车、参与非正式比赛、散步以及在儿童游乐场玩耍。非正式比赛和篝火聚会是经常进行的社区活动。

图1.7　青少年喜爱可以闲逛的地方

在许多国家，社会各界人士都将他们的城市公园珍视为一个可以居之、遇之或游之的地方。有研究表示，澳大利亚的青少年很重视发展良好的公园（Owens，1994）。谢菲尔德的巴基斯坦儿童是城市公园的常客（Woolley and Amin，1995），而在芝加哥的十三个公园里，不同种族群体有不同的方法来参与动态型和静态型消遣活动（Hutchison，1987）。

从更小的尺度上说，社区焦点也可以是小型开放空间，例如社区花园。研究发现，格拉斯哥的一个社区居民在埃尔科花园里开展了大量的活动（McLellan，1984）。社区成员不仅参与了与花园和房屋相关的设计过程，而且在施工完成后，他们还组建了一个园艺俱乐部，以培养他们园艺方面的各种兴趣。

事实上，美国有四分之三的老年人生活在大都市区域，因此有一项研究调查了绿色户外空间对邻里关系和社区意识的影响。该研究在芝加哥的一个社区展开，该社区包含了美国最穷的三个邻里小区，社区居民以非裔为主，年龄层次多样（Kweon et al.，1998）。对于老年人来说，因为有限的身体活动能力和较低的社会交往水平，生活在城市中有时是很困难的。资金紧张、噪声、建筑的高度和破败的环境，以及由此产生的不信任感，都会阻止老年人相互交流。权炳淑等人的研究是在一个16层高的由28栋楼房组成的住宅区里展开的，在该住宅区，每3栋建筑会围

图1.8　一场犹太婚礼,克利索尔德公园,伦敦

合成一个U形的庭院。研究调查了91个参与对象的数据,包括种族、收入和教育等。关键的变量是对于U形院落的处理,一些院落有树木和草地,而另一些只有混凝土或者沥青。研究涵盖了11栋建筑,其中有5栋建筑能接触到树木和草地,而剩下的6栋建筑几乎或者完全接触不到树木和草地。调研中询问了采访对象一些问题,包括在户外公共空间接触自然的情况、社会融合和当地社区意识的信息等。这项研究的结果表明,接触公共绿色空间,即便在本案例中只是比较少的树木和不大的草地,但确实促进了社会融合水平和社区意识。

　　不同类型的开放空间可以为不同的人群和社区培养社区意识。这些机会包括小型和大型活动,以及有组织的和非正式的聚会。　　　　21

文化的焦点

　　规划师、设计师和管理者是否应该认为拥有不同文化背景的人对城市开放空间有着不同的需求呢?这个问题不太好说,有些证据表明不同文化和不同种族群体之间的需求是相似的,但也存在一些迹象表明他们之间存在着差异。不同种族群体在公园使用上的差别已经受到了研究者的注意,正如哈奇森(1987)指出的,种族因素和社会阶层因素之间存在着复杂的相互作用,可能很难清楚地确定在某个特定的时间内有哪些变量发挥了作用。一个针对芝加哥十三个公园的研究关注了黑种人、白种人和西班牙裔这三个族群(Hutchison, 1987)。超过一半的黑种人和白种人被观察到参与了动态型活动,而超过一半的西班牙裔参与了静态型活动。西班牙裔群体比黑种人群体规模更大,而白人群体是三者中规模最小的。此外,西班牙裔群体比其他两个群体会更多地与家人一同出来活动。

洛杉矶的一项研究发现,不同种族和社会背景的人都喜欢使用公园,因为公园为他们和子女提供了绿色植物和休闲活动的机会(Loukaitou-Sideris, 1995)。西班牙裔是城市公园最常见的群体,他们通常与家人一起使用园内设施,并且会在类似生日派对之类的庆祝活动上用气球和彩带划分出他们的活动范围。非裔美国人则更多地同朋友一道去公园,其中有一半的情况,成员均为男性。公园主要被用作与朋友社交聚会,以及有组织的体育活动。白种人主要进行偏向个人的活动,他们中的大多数都独自一人参观公园。来自华人社区的公园使用者是该研究中人数最少的群体,这些使用者大部分都是老年男性,他们来公园是为了放松、社交或者练太极。

同时,有越来越多的证据表明,公园和开放空间对于来自不同文化背景的人都很重要,而且原因彼此相似,因此我们有理由相信开放空间具有普世的重要性。

22

芝加哥的一项研究涉及了203名美籍华人,该研究采取了面对面访谈和焦点小组的方式去了解他们的休闲活动(Zhang and Gobster, 1998)。篮球、网球、排球和棒球是这些受访者在公园里经常参加的活动。年龄较小的儿童,那些6—8岁的孩子,会经常利用秋千和滑梯玩耍,他们也喜欢玩游戏,例如"相互追逐";而年龄较大的儿童,那些9—12岁的孩子,更喜欢有组织的游戏,以及骑自行车。有些活动会在学校进行,而另一些则会在当地小区附近的街道上进行。

在英国，少数族裔对城市开放空间的使用被认为是不具有代表性的（Greenhalgh and Worpole，1995；Dunnett et al.，2002）。目前已经提出了设计和管理城市开放空间的不同方法，以鼓励更多的少数族裔来使用这些空间。这些建议包括，符号引导、经验参照，以及提供相关设施等，同时也附加了一些条件，即需要响应当地社区、场地以及城市环境的需求（Rishbeth，2001）。

城市开放空间着实具有成为文化焦点的潜力，尽管这在当前并没有完全被理解或意识到。这种文化焦点也同其他社会和环境效益息息相关。

开放空间作为教育资源

大自然保护协会（Simmons，1990）表示，为了保护城市里的野生动植物，公众需要得到相关通知并应当参与到保护行动中来。该委员会特别关注儿童教育的重要性，并建议每所学校周边五到十分钟步行距离之内应该设有一个可供研究的生态区域。教育领域的另一个重要角色是志愿服务机构，此类机构可能与地方政府相关，目前正有越来越多的野生动物保护团体或组织参与到教育活动中，例如英国皇家鸟类保护学会。作为教育资源的开放空间被认为应当向当地居住区提供相关设施，如观景小径、田野学习场地以及信息中心等（Teagle，1974）。

"环境工程"是一个设在泰恩河畔纽卡斯尔大学的学校委员会项目，该项目研究了8—18岁未成年人的环境教育基础，并确定了环境教育的三个途径。其中两个途径是传统的方法，即"通过环境进行教育"和"关于环境的教育"，让孩子们在探索周围环境的同时，去寻找相关的事实。而第三个途径是"为了环境的教育"，包括塑造孩子们的价值观和态度（Morgan，1974）。该项目的一个信条是，从孩子的世界及其周围的事物和环境开始着手非常重要；这能培养孩子把城市环境与更广阔的自然环境相结合的意识。

有越来越多的案例使用开放空间作为教育的机会。当"在景观中学习"这个项目被引入的时候,其中一个目标是将环境教育的场所延伸到学校的操场(Adams,1989),而不仅仅是围绕着公园的自然环境漫步,后者正是我们大部分人孩提时期所经历的。该研究在12个小学展开,共有216名小学生参与,孩子们觉得柏油和混凝土路面十分枯燥无趣,他们想要的是树木、草地和可以无尽发挥他们想象力来畅快玩耍的机会(Titman,1994)。环境部开展的一项研究记录了各种各样的能够提供教育效益和机会的项目(Department of the Environment,1996)。黑乡的里奇埃克运河项目与一个教学计划发展成了战略合作伙伴;以及"邻里自然"项目,由国家城市林业局指导建立,该项目也将教育规划列为其成果之一。

英国政府已经确认了校外空间的重要性,可参见其发布的报告《户外的教室》(Department of Education and Science,1990):学校场地的功能可以包括菜地、草药园、野花草地、池塘、蝴蝶园和果园。存在许多机会可以将国民教育课程的不同科目与学校场地的设计、建设和管理结合起来,通过使用孩子们日常生活中经常能看到的元素,使教学科目降临到生活中。该报告的作者认为,为了实现创造性地使用学校场地的目的,教育家和景观专家的合作十分必要。

最近,"在景观中学习"这个项目开展了一些工作,旨在关注儿童对户外空间使用的特殊需求。事实上,在室内空间设计领域,对儿童的特殊需求具有比较详尽的指导规则,但是几乎没有在设计户外空间时应当考虑的因素的相关指导信息,因此,开展上述研究正是为了回应这个问题。该研究调查了各个阶段的学生的所有类型的特殊需求,并尽可能多地调查了寄宿学校、非寄宿学校以及主流学校的相关信息。研究的目的是"找到合适的设计和管理方法,收集创意及实用的信息,以指导开发校园场地的规划和实践"(Stoneham,1996)。其中包括将已有的信息、建议和出版物资源等公开,以便让那些觉得这部分信息有用的人更容易获得。研究所使用的方法包括问卷调查、访谈和实地考察。该研究向所有的特殊学校和部分主流学校发送了问卷,并回收了其中的396份。在详细地分析了所有问卷之后,对那些已经建立了很好的户外项目的学校进行走访。这项研究所调查的特殊需求包括学习困难、自闭症、视力障碍和失明、失聪、语言障碍以及情绪和行为障碍。问卷答复明确地反映出,教师很重视户外空间,对于有特殊需求的儿童来说,户外空间是一种重要的教学资源。研究从老师和学生的回复中归纳了一些益处,并写入了最终的出版作品《共享的场地》(Stoneham,1996),主要益处如下:

- 在感官知觉、社交能力、合作能力和工作模式方面带来的提高
- 改善儿童的行为,特别是让他们能够更加有效地探索情绪
- 减少攻击行为
- 增加在户外学习的机会
- 更多种类的游戏模式,不仅包含那些在生理上培养探索精神的类型,而且也有旨在提供更安静的休憩机会的类型
- 能改善学校的形象并促进特殊类型的教育

在实地考察和访谈的基础上,该研究给出了一系列的建议,旨在帮助那些愿意为了有特殊需求的儿童而改造和使用学校操场的人。内容包含如何管理改造后的学校操场,有关景观结构的详细设计原理,针对操场的设计和管理应该如何将儿童纳入考虑,以及如何安排与设计、管理、安全、监督等相关的规划。设计层面的考虑包括如何容纳动态型、静态型和社交类活动,针对可达性、交通系统、标识系统和运动项目的讨论,以及前文已经论述过的植物的重要性、园艺的机会和针对动物的设计。

城市开放空间的教育机会并不局限于校园,实际上在其他许多的城市开放空间中,此类机会比比皆是。我将对两种其他类型的城市开放空间,即城市农场和城市水道的教育机会的潜力进行简要说明。

城市农场提供的教育机会已经通过一系列的方式得到了全国城市农场联合会(1998)的承认。首先,他们聘请了教育领域的相关工作人员,包括一位信息工作专家,负责为一些专业问题给出建议,例如资金、　24

动物福祉、青年工作和儿童保护等；一位可以指导志愿者工作的负责"青年参与"问题的专家，约有两千名来自市中心的年轻人会利用各地的城市农场。此外，该联合会已经发布了许多信息合集、咨询报告以及视频。教师资源中心公开了一系列相关的教育材料，而联合会制作了季度新闻报表以及教师活动表。农场单位则通过教育网络为学校提供支持，共计有一百一十一个农场单位参与（Federation of City Farms and Community Gardens，1998）。类似的机会，也可在那些于20世纪80年代发展起来的社区花园中找到（Federation of City Farms and Community Gardens，1999）。

美国于20世纪90年代开展的"河流课程项目"，最开始仅是在密西西比河和伊利诺伊河沿岸的八所高中开展试点，如今已发展成为一个在二十三个州实施的教育计划。教师团队的成员来自多种不同的学科，例如科学、社会研究和英语，他们培训学生进行水质测试、研究社会和文化知识，帮助学生完成出版物的写作和绘图，以及教导学生如何应对当地的河流问题。工作人员还针对性地学习了对应的研究和监测项目所需要的电脑软件知识。如此，学生便能更好地进行水质测试，并收集昆虫和其他水生动物的信息作为河流生境的指标。这些项目具有极为丰富的产出，与伊利诺伊州环境保护局呈交国会的关于斑马纹贻贝的报告不相上下。绘制地图和进行决策的机会也包括在这些过程当中。此外，也有很多培养写作技能的机会。诗歌、歌曲、创意写作和艺术作品等的创作也通过一个名为"漫步"的子项目得到了鼓励（Williams et al.，1994）。

教育是英国水道局促进社区参与战略的一个重要组成部分，近年来，新任命的国家教育管理官员希望在现有的基础上构建一个地方性和区域性的教育系统。这包含了与本地老师合作开发的教育项目、配备显示器和运河制品的流动教室、池塘潜水项目、观赏野生动物和水上安全计划等。同时也包含了一个为期三年的教育剧场项目，该项目会介绍和解释水道的历史，在学校内开设研讨会、教师的培训日，并提供与专业演员一同表演的机会。由英国水道局实施的"运河采用计划"（鼓励当地社区，特别是儿童，维护和保护当地的水道）也可以被视作为环境教育所做的一个贡献（British Waterways, n.d.）。

结　语

　　在本章中，我们可以看到城市开放空间产生了多种多样的社会效益，包括儿童的玩耍、静态消遣活动、动态消遣活动、社区或文化的焦点，以及教育等。这些效益和机会将在不同程度上，通过一个人每天或者每周，甚至每年都会去使用的那些开放空间得到体现。　　25

第二章 健康效益和机会

"健康并不仅仅是没有疾病,也是指生理上、社交上和精神上的安乐。"

——世界卫生组织

导　论

多年以前,城市地区的开放空间对身体和精神健康具有益处就已经得到认可。在讨论自然和美学效益帮助人们从压力中解放的效果以及城市开放空间的社区价值之前,本章将先一步讨论城市开放空间对身体和精神健康做出的贡献。然而,首先要说明的是,开放空间提供的一些重要的健康效益早在19和20世纪就得到了重视。

作为景观设计的先驱者,奥姆斯特德(Beveridge and Rocheleau,1995)坚信,瘟疫灾害程度的降低、普遍的身体健康的改善,以及城镇居民寿命的延长,都得益于在城市中逐步采用和推广"向阳光和新鲜的空气开放的宽广空间"。在19世纪末,威廉·海斯科斯·利华和乔治·吉百利在看到了清除贫民窟对于工业生产力和市民福利产生的有利影响之后,即刻开发了日光港和伯恩维尔的花园式村庄。他们是花园式住宅小区的倡导者,在这些住宅小区里,充足的开放空间提供了大量户外活动的机会,不论是有组织的娱乐还是家庭式的园艺,不一而足,而这很可能促成了优良的卫生统计结果。一个调查结果显示(日期不详),伯恩维尔学校里的12岁儿童的平均身高,比伯明翰市议会学校的同龄人要高2.5英寸(Burke,1971)。

在美国,19世纪末和20世纪初的时候,发展郊区的理念逐渐在社会的"专业管理阶层"中形成。该理念是"一个积极的环境改造战略,一个非强制性的改善社会的方法,其中专业管理阶层会重新设计都市居住环境"(Sies,1987)。这一发展理念中的两个重要因素得到了西斯的详细讨论。首先是技术进步促进社会生产新产品,例如抽水马桶、管道输送系统、热水器、发电厂,以及建筑物,例如精心设计的行车道、步道和房屋。第二个重要因素就是自然:"有人认为,只有自然环境的精致之美,可以激发精神的重生和道德水平的提高,而这正是发展郊区理念所希望造成的影响。"自然被认为是重要的,因为它能提供新鲜的空气和健康的环境,以及众多活动的机会,例如园艺、阅读、社交,以及动态型和静态型

图2.1 伯恩维尔的五朔节花柱

消遣,例如运动和散步等。此外,它被认为是理所当然的,作为一个长期的信仰体系的一部分,自然被认为具有升华和恢复的力量。从人们幼时起,在大自然中的经历就被认为是非常重要的。

在发展郊区的理念中,与景观相关的三个元素得到了考虑——而这些元素在今天可以被理解为景观规划和设计。首先,场地的选择非常重要。要结合场地与城市工业之间的关系——上风向是首选,而周边的风景价值也需要考虑。第二个因素是场地的开发。在某些情况下,建筑师会试图为住宅设计一个大型的自然公园,他们精心地定位房屋,以免破坏过多的树木或者种植太多新的树木,并沿着等高线设计道路。第三个重要因素,是提供公共绿地或休闲空间,以便人们可以参与各种动态型及静态型的消遣活动,这些活动对于保持心理、精神和身体健康来说是必不可少的。动态消遣活动设施包括网球场、运动场、游泳池、滑冰场和冰球场等,而在公园和林地中设立观景小径,可以让人们参与到静态型
27　消遣中去,包括在自然中冥想、观察野生动物等。

图2.2　就连婴儿也能在城市开放空间中受益

对身体健康的贡献——锻炼的机会

国民健康问题是生活品质的一个重要方面,目前得到了非常多的关注。与此同时,人口老龄化问题正给英国国民医疗保健机构和社会福利机构带来越来越大的压力。对国民健康问题的关切需要从儿童健康开始。

一项使用了威勒尔卫生局的数据、专门针对婴儿和学龄前儿童的研究,显示了一个令人担忧的结果,如果把这个结果看作整个国家的一个抽样样本则更是如此。通常由卫生调查员收集的数据——包括身高和体重,以及由此计算出的体重指数(体重除以身高)——被用来研究1989—1998年间的变化趋势。这个结果是有效的,因为研究包含了88%的出生人口,以及对照年龄组的儿童。此外,因为总体人口的97%都是欧洲白人血统,所以没有考虑种族差异会对研究产生的影响。在近十年的时间里,超重和肥胖儿童的数量产生了一个统计学意义上的显著变化。自20世纪90年代初开始,儿童的体重和体重指数都在增加,而平均身高的降低也导致了男孩和女孩的体重指数增加,且超重男生的比例大于女生的比例。这一趋势似乎在研究的后五年阶段出现了加速。结果清楚地表明,这种超重和肥胖在婴儿时期和学龄前时期已经发生。先前的研究已表明,儿童肥胖很有可能会持续到成年,并且可能会导致发病率和死亡率,以及心血管疾病的风险增加。在增加活动量、减少高脂肪和高热量食物摄入等方面的早期干预得到了广泛推荐(Bundred et al., 2001)。

通过一项开展于埃克塞特的研究,我们发现了儿童血脂水平普遍反常的现象。尽管在707个样本中有太多的孩子处于超重状态,但孩子们的心肺功能并没有问题。这项研究发现,孩子们的日常身体活动水平很低,且女孩的身体活动水平要低于男孩,而当女孩升入中学之后,她们的身体活动水平更是不断下降。研究找到了一系列可以用来鼓励儿童提高身体活动水平的因素。其中就包括通过家庭的途径,从小开始鼓励体育锻炼。卫生调查员也推荐一些其他的方法,例如提供安全、干净的游玩区域,推广体育活动,以及健康的饮食等。每天上下学的步行以及作为国民必修教育课程之一的体育课,都是通过充满乐趣和享受的方式提高年轻人身体健康的有益途径(Armstrong,1993)。这些考虑也与第一章已经讨论过的社会和教育效益密切相关。

开放空间不仅可以,而且应当,在提供机会以开展上文所建议的活动方面发挥重要作用。学龄前和学龄期儿童都可以在一系列的开放空间中获益,例如游乐场、公园、学校操场和那些不论设计还是维护都比较合适的运动场。在此基础上,把开放空间和每一个城市区域内的体育项目、社区项目以及健康项目联系起来也会有所收益。这确实也已经在某些城市地区成为现实,其中一个最近引入的活动就是"健康步行",该活动在诸如巴特西、齐彭哈姆、奥尔德姆和利兹等地开展。在谢菲尔德,"健康步行"已经得到医生的认可。

十一岁到十六岁的少年中有将近三分之一的人仅仅在中学里参加体育锻炼,同时值得注意的是,英格兰和威尔士的中学平均每周只安排两个小时进行体育活动(Fairclough and Stratton,1997)。这在欧盟成员国当中是最低的(British Heart Foundation,2000a)。从1995年到2000年,或许是因为国民教育课程的需要,小学阶段花在体育课上的时间已经被削减了一半以上(Sport England,2000b),且四岁孩子中有五分之一出现了超重现象(Reilly et al.,1999)。同时我们也应该注意到,有四分之一的成年人会继续参与那些在他们少年时期参与过的体育运动,而只有百分之二的成年人会参与那些他们在少年时期没有参与过的体育运动(Sports Council and Health Education Authority,1992),可见,参与体育运动在一定程度上是一种由早年的生活经历所塑造的习惯。健康教育局(HEA)建议,儿童每天应当拥有一小时的活动时间(British Heart Foundation,2000b)。这些活动可能包括快走(也许是上学)、游泳、跳舞、骑自行车、游戏玩耍和体育运动等。在第二项建议中,HEA提出"至少保持每周两次的频率,参与一些有助于增强和维持肌肉力量、柔韧性和骨骼健康的运动",对正在上小学的儿童来说,这包括攀登、跳绳、跳远或

体操等运动 (British Heart Foundation, 2000b)。这些活动有益于孩子们的成长发展,如果在少年时期能够养成良好的习惯,那么这种规律的健身习惯可以很好地鼓励他们在成年之后继续坚持。

在许多发达国家,随着老年人口的不断增加,老年人的健康问题也成了一个重要的议题,而且老年人较差的身体状况增加了对健康和社会服务的需求。改善身体健康和机能可以通过一系列的动态消遣活动做到。身体机能一共包括五个主要方面:心血管耐力、肌肉力量、肌肉耐力、柔韧性和身体成分 (DiGilio and Howze, 1984; Jacobson and Kulling, 1989)。其中的两个方面,心血管耐力和身体成分,可以通过步行得到改善,而这需要充足的开放空间来供人参与。另外有研究表明(并且已经得到了广泛接受),步行也可以防止骨质疏松的发生,这对女性而言尤其重要。

一个由成年人参与的视觉练习案例记录了自然的直接治愈效果。三百多名成年人,包括建筑师、设计师、社会工作者、心理咨询师、护士、家长和学生,被要求回忆出一个他们自己或者比较亲近的朋友受伤或者痛苦的时刻。参与者也被要求回想当时的环境状况,包括这个场地的大小以及与地点相关的颜色和气味等。在这之后,参与者们被要求"想象一个环境来治愈上述想象中那位受伤的人",并把他们所想象的场景描画出来。超过百分之七十五的绘图所展现的治愈空间都是那些室外的场景,有树木、花草、流水、蓝天、岩石以及飞鸟。其他的绘图展现的是室内环境,但是包含的元素也都和自然有关——天空、绿树、太阳、透过窗户能瞥见的花园或者庭院、盆栽、花卉或者其他在室内生长的植物。这项研究清楚地表明了自然是治愈伤痛的重要良方 (Olds, 1989)。

对心理健康的贡献——自然的恢复作用

在城市的日常生活中,人们往往会面对很大的压力,压力的来源多种多样,比如噪声、拥挤或者空气污染(甚至发生在人们清早开始通勤之前),或者照顾家里的孩子和老人、处理那些乏味的工作、长时间的健康问题等都有可能。许多研究已经开始着手探寻如何从这种日常生活压力中解放的方法。一些研究不仅证实了"自然"的景点更受喜欢,同时还发现它们具有帮助人们恢复健康的作用 (Ulrich, 1979, 1981)。

其中一项研究的内容是召集一些志愿者,并让他们观看一个关于防止意外事故的短片,这会诱发他们的一些心理压力,之后再给他们观看下一个短片。第二个短片在后面所列的六种类型中选取一种,包括自然植被、水体、城市中拥挤的交通、较为通畅的交通、城市中有许多行人的场景以及行人稀少的场景。实验记录了一系列的生理指标,以识别每一个志愿者产生的压力水平和恢复情况。此外,在第一个短片播放之前,志愿者对一些心理因素(例如恐惧和愤怒等)进行了自我评估,而在两个短片的播放间隙和第二个短片播放结束之后,压力和恢复的情况也都得到了再次测量。总的来说,不论是被记录的生理指标还是志愿者的自我报告,数据都显示,不同的户外环境对人们从压力中恢复的水平产生着不同程度的影响。不出所料,与城市环境相比,自然环境能让人更快而且更完全地从压力中恢复过来 (Ulrich et al., 1991)。

同样地,城市景观中以自然植被为主的场景对于缓解压力的有益影响也得到了研究。在经过一场考试之后(这被认为是一次有压力的体验),特拉华大学的四十六名学生进行了一项测试,以衡量他们的情绪和焦虑水平。之后,一半的学生观看了一系列城市场景的照片,当中没有植被;而另一半则观看了一系列拥有植被的景观的照片。最初用来衡量学生的情绪和焦虑水平的测试在看完照片后又重复了一次。在观看了两种不同的照片之后,这两组学生的情绪和焦虑指标产生了明显的差异。那些观看了以自然植被为主的场景的学生,他们的心理健康水平得到了提升。包括四项积极情绪的提升,以及恐惧这种消极情绪的降低,这强有力地说明了"以自然植被为主"的场景能够对被试者的焦虑水平产生缓解效果。直接与此形成对比的是,那些观看了城市场景的被试者的心理健康水平并没有明显变化,甚至有一部分人与观看之前相比,心理健康水平有了降低的趋势。这就是关于情绪指数的详细案例研究 (Ulrich et al., 1991)。更早的一项由特拉华州学生参与的研究通过各种方法发现，相较于那些只有很少或根本没有草地和树木的商业区、大学校园和居民区，那些包含了树木和草地的公园场景更受欢迎（Ulrich and Addoms，1981）。

为了帮助人们从"定向注意力疲劳"中恢复，卡普兰（1995）找到了四个有效的途径：暂避、入迷、远离和融合。暂避可能包含如下一些体验：游览海边、高山、湖泊、森林，但是对许多生活在城市地区的人来说，这样的机会十分罕见，或者只限于假期，而且只能体验那些绿色开放空间。对一些事物的入迷，例如一个有羽毛的小动物，也是恢复疲劳的重要途径。"轻度"的入迷也包含一些自然景观的特征，这种入迷能够提供反思的机会。远离往往是指荒野、沙漠或森林，或者从小尺度上来说，也可以是蜿蜒穿过一条精心设计的观景小径，或者是一个场地将现有的景观和过去的元素联系到一起的历史感。融合指的是自然环境和人类的活动之间存在着某种特殊的关联。这四个途径可以帮助那些受"定向注意力疲劳"困扰的人们，在那些能够提供机会来体验"自然"的开放空间中得到恢复。

自然环境能提供机会使人从疲劳中恢复的这一事实，也由赫尔佐格以及他的同事通过一个涉及一百八十七名大峡谷州立大学本科生的研究得到确认（Herzog et al.，1997）。研究为学生们设计了两种场景。第一个场景是在结束了一天的沉闷繁重的任务之后，需要重新集中注意力，也就是说在已经失去了对目标的专注之后再来重新获取这种专注力。第二个场景更具有反思的特征，这个场景设计的是一天的开始，而这一天会被用来深思一些重要的个人问题。一系列不同的图片会展示给这些学生，包括普通的自然环境、体育或者娱乐场面，以及城市里的非自然环境。关于自然环境的图片包括森林风光或者田野风景，而运动场面包括一系列室内和室外的场所和活动，如水上摩托、保龄球馆、电影院、夜店、拥挤的游泳池、篮球场、露天音乐会和游行队伍。城市环境包括十幅街景，如行人过马路、充满了汽车的停车场以及加油站。研究中展示的所有照片都拍摄于夏天，并且处于同样的天气状况条件下，这样的处理是为了减少受访者可能因为季节或天气的差异而产生的任何变化。该

30

研究发现,自然环境对人的恢复有较高的潜力,能有效降低人们的"定向注意力疲劳"。体育或娱乐的场面对人的恢复具有中等水平的潜力,而日常城市环境对人的恢复具有较低的潜力。在这项研究中,自然环境场景包括树木、森林和田野。

来自日本的研究发现了景观中的城市元素比自然元素更能带来负面影响(Nakamura and Fujii, 1992)。在被试者(坐着)观看五个不同场景的时候,研究人员记录了他们大脑中的α和β脑电波,这五个场景包含混凝土砌块围墙、篱笆或者两者的结合。这项研究清楚地发现,有混凝土砌块围墙的场景会引起感官压力,而有篱笆的场景则能减小压力水平。

另一个研究证实了人们最喜爱的地方也具有恢复作用,因为那些地方往往由绿地、水体和优美的环境所构成(Korpela and Hartig, 1996)。这项研究涉及七十八位芬兰学生,参与者被要求评价七个不同的场景。其中包含他们自己所在城市的中心广场,以及他们在自己想象的场景中选出来的最喜爱的一个地方和不喜欢的一个地方,另外四个场景取自加州大学尔湾分校的校园及其周边地区,这些场景都通过彩色幻灯片的方式呈现。许多参与者挑选出来的最喜爱的地方都由自然环境所构成,而仅仅四分之一多一点的人认为城市环境是他们最喜爱的地方。而不喜欢的地方处于城市地区的占到了受访者的百分之八十五,且大多由城市交通和拥挤的人群构成。许多研究显示,成年人群体更喜欢自然场景,而不是城市场景,同时,水体和植物的出现也能够增加场景对于观赏者的价值(参见Ulrich, 1981;Herzog et al., 1982;Herzog, 1985;Purcell et al., 1994)。

野生动物——人们靠近自然的一种体验

每天与大自然接触的重要性显然不是一个近期的发现——也许对一些人来说,该发现只是刚刚才在20世纪下半叶的后工业时期遗失的。把自然引入城市,一直是早期在城市地区建立公园的目标之一。但是,正如泰勒（1994）指出的，这只是一张被精心打造的自然图片；它没有乡村的气息，没有唤醒人们对那些被城市居民所抛弃的乡野农业景观的回忆，而且通常既不自然，也不令人敬畏。事实上，它只是一个"文明且有组织地对自然的表达"（Taylor，1994），一个可管理可理解的自然：人类的表达凌驾于自然之上，与农业景观的情境截然不同。

"自然"这一词语在不同人的解读中具有不同的含义。健康、平安、孤独与自由是诺尔（1981）用来描述自然的词语。在此基础上，诺尔指出了三种同自然相关的重要价值。首先，是他所说的自然的"生命-可利用"价值，包括食物、衣服、避难所、能量和药品，这些都是可以直接或间接地从自然获得的元素。其次，是自然的"生命-生态"价值，这涉及人类与自然的关系，以及人类如何对待自然；这可能是对自然的合理支配，也可能是对自然的过度开发和破坏导致了人类的生存环境受损。最后，诺尔讨论了自然所独有的"象征-美学"价值，即人类与自然的日益疏离导致人类发展出了一种针对自然的情感关系。相关实践表明，这些不同的价值都与城市开放空间中所能获得的潜在自然体验相关。创建并打理花园的广泛需求和意愿，被视作对自然的"生命-可利用"价值的表达，而那些体力或者脑力活动，包括体育运动、散步甚至聊天则被视作对自然的"生命-生态"价值的体现。一个开放的空间的内在美以及它所承载的美学意象，可以被看作对自然的"象征-美学"价值的理解。针对开放空间的体验主要是一种审美体验，因为当人们身处开放空间时，审美思考会同时在有意识和无意识的状态下发生。

有很多研究都已经确认了靠近自然（可以在一个较近的范围内体验自然的能力）在人们日常的城市生活体验中的重要性。因此，野生动物也被认为有着重要作用，它们在个人层面上给予了人们无法量化的欢乐、愉悦和灵感（Halcrow Fox et al.，1987）。休闲与福利设施管理中心（ILAM，1996）认为，野生动物对于城市环境的重要性，以及人们对于在城市开放空间中建立和保护野生动物栖息地的信念，可以很有效地鼓励生物多样性以及提高人们的生活品质。至于如何通过一种生态学的途径来完成设计，荷兰被认为在这个领域已经有了多年的优势（Ruff，

图 2.3　儿童与自然沟通的机会相当重要

1979）。在 20 世纪 80 年代初，生态学的益处和建立野生动物栖息地的需求被介绍到了英国（Baines and Smart，1984）。

开放空间作为一个可以真正让人接触自然并与之相联系的机会的重要性，在格林威治开放空间项目中得到了明确的强化（Harrison et al.，1987）。共有三十三位年龄在二十一岁到六十五岁之间的人参与到了一项持续六周的研究当中。四组参与者来自格林威治和伍尔维奇的不同社区，他们体验了自然世界并分享了体验的意义。很明显，与自然的接触在这些人的日常生活中非常重要。令人着迷的动物和昆虫，例如毛毛虫、瓢虫和刺猬，可以在那些僻静的荒地或林地玩耍的机会，以及当地公园所缺少的多样性，都会让人们觉得野生动物更有意思，并更加渴望冒险和多样性。

城市公园为许多野生动物提供了栖息地，关于这一点，吉尔伯特进行过深入的讨论（1991）。城市野生动物的重要性也体现在它们对于人类生活质量的贡献，触摸、观赏，甚至气味和声音都提供了一些机会给人们带来感观上的愉悦。类似的机会不仅存在于经过设计的空间，也存在于一些非正式的开放空间，例如旧工业用地、废弃的工厂和铁路线等，它们不仅可以作为重要的场所服务于自然进程，还可以促进一个地区的生态环境改善（Hough，1995）。

靠近自然的真实体验，是过去二十年左右持续开展的生态运动的一个组成部分。尤其是提供儿童与大自然进行互动的机会。完成这种体验的常见形式，通常是社区野生动物花园和生态公园，它们最主要的贡献就是提供了各种各样的自然场景，使当地社区能够与自然接触（Goode，1997）。教育机会，正如在第一章中所讨论的，也同样丰富。

因此，一系列研究成果都证明了这么一个事实，即大自然提供了各　32
种各样的心理和身体方面的益处。当人们在城市环境中有足够的机会接近自然时，他们会对自己的家庭、工作和生活感到更加满足。人们珍视自然环境所提供的多样化机会——去行走、去观看、去思考。那么作为一个社会，我们又能赋予这些开放空间什么样的价值呢？

审　美

审美关系到开放空间的美丽，或者丑陋。虽然伦敦规划咨询委员会（Llewelyn-Davies Planning，1992）认为——也许有些消极——开放空间的视觉元素难以从其他功能中被辨识和分离出来，但是我们仍然可以向那些已经开始着手建立这种模型的人学习。　　　　　　　　　　33
开放空间的价值，部分在于对它的存在的认知，即可以从某些角度上被看到，当人们需要使用它时，它确实存在于那里。对于一些人来说，公园作为一种资源存在于那里，与可以在生活中实际用到它一样重要（Kaplan，1980）。"有它在那里"，为公园的使用者和非使用者双方都提供了某种程度的满足感。其他一些研究（Bradley and Millward，1986）指出，开放空间的视觉舒适性经常会被研究的参与者提到，他们会使用"自然的"和"乡村般的"之类的词语来形容英国城市地区的开放空间。认知到开放空间的存在，这一信息的重要性在特拉华州的一项研究中得到了清晰的界定。在该研究中,开放空间的非使用者们表示,"只是知道公园就在那里"或者"附近有一个公园"很重要。其中有两个受访者回答说:"我喜欢这里有开放空间,因为当我需要使用它的时候我能立刻找到它。"这揭示了以下信息的重要性,即不仅需要知道它在那里,而且需要确认它可以被使用。研究者们认为,这是因为该状况允许了那些非使用者对他们的生活有了某种程度的控制权,即当他们需要或者想要的时候,他们可以随时从现有的生活状态中"逃离"出来(Ulrich and Addoms,1981)。事实上,在一些私人的时间里逃离到一个公园中,远离家里的电视、电话、音响和各种琐碎的事情已经是年轻人生活的重要组成部分(Worpole,1999),而且成年人也会如此(Dunnett et al.,2002)。

一项研究(Kuo et al.,1998)展示了一个关于城市开放空间美学重要性的令人痛心的案例,该研究开展于芝加哥辖区内的美国最贫穷的社区之一。这项研究的目的之一是要表明,高质量的外部环境是各种各样的人群都喜爱的,而不是那些可以轻易在他们的生活中找到这些环境的富人所独有的爱好。研究主要涉及三组人群,居民、房屋管理人员和警察,目的是明确他们对可能会在现有庭院增加树和草的态度。庭院的现有布局包括大量的铺地、少许的树木和一小片植物,这也算是一个典型的城市小区庭院了。对于小区内可能将会栽植更多树木,以及对空间的更好的管理,居民们有特别高涨的热情。然而,管理人员担心这种处理会导致成本增加。在安全感方面,居民认为栽植树木不会降低他们的安全感,但管理人员和警察认为,歹徒可能会躲藏在树林中,而这会让居民对安全问题感到担忧。

在现有庭院中种植新的树木,以及不同程度的管理和维护将通过一系列照片进行展示。这些照片会从四个不同的观察点出发,将整个庭院都纳入视野范围内。新的庭院考虑了许多因素,包括种植树木的三个不同程度、对树木进行规则式和不规则式排布,以及维护管理草地的不同程度。大量的受访者都表示,他们不仅讨厌庭院的现有外观,而且还认为这会使他们感到不安全。在给他们展示了新庭院的照片后,受访者表示,如果能更多地种植树木和改善庭院外观的话,他们会非常喜欢这些改变，而几乎所有的参与者都认为，让这个空间变得更加自然非常重要。该研究发现，树木种植密度越高，受访者对场景的喜爱程度也越高。此外，受访者还认为更高密度的树木种植会给他们带来更高的安全感，换句话说，审美价值的提高会胜过居民对于安全问题的担忧（Kuo et al.，1998）。

一项研究关注了城市休闲区的视觉偏好这一议题，该研究涉及一百张不同特色的实地照片，这些照片拍摄于伊利诺伊州的芝加哥和佐治亚州的亚特兰大的十七个公园（Schroeder and Anderson，1984）。一共有六十八名学生参与了这项研究，他们在观看照片时，评价了自己在图示空间中所感受到的安全性，以及公园的视觉质量。视觉质量的评价结果显示，得高分的往往都是那些未开发的茂密森林，以及那些有着茂盛树木和宜人水景并得到精心维护的城市公园。同时，这些高质量的场景会被那些人造物的出现所破坏，例如汽车、围栏、路灯或建筑物等。城市涂鸦的出现也会降低人们对场景的喜好。场景附近的元素，虽然不在场地中，也会对受访者评价视觉质量产生影响。这也证实了许多其他的研究所揭示的，即人们更喜好自然的环境，而不是人工的城市元素（Kaplan and Wendt，1972）。

结　语

通过本章的相关内容我们可以看到，城市开放空间会带来许多健康效益。这些效益可以分为身体健康和心理健康两个方面，而后者包括了自然的恢复作用，以及在日常生活中靠近自然的重要性。应当保持一种怎样的频率来利用城市开放空间提高健康效益，这是一个无法衡量的问题，甚至可能有些人并没有意识到自己有很多机会可以在城市开放空间中慢跑、锻炼或者观赏自然。然而，也有许多人正在（尽管也许是不自觉地）使用他们的城市开放空间来改善和恢复他们的身体和心理健康。

第三章　环境效益和机会

导　论

在人类祖先于世界各地选择早期聚居地的时候，他们已经开始认识和了解土地、土地覆盖以及地表水体的特征。然而，人类打造的建筑环境对当地气候产生了影响，同时这种影响也随着城市化进程的深入而越发强大（Morcos-Asaad，1978）。由人类开发建设的城市单元，在许多地方已经取代了原先存在的自然景观，这种在物理和化学性质方面的改变已经被很多学者讨论过了（例如Chander，1978）。

除了考虑气候对作为一个整体的城市产生的影响，还可以考虑一下气候对城市范围内的那些小规模的局部开发区域的影响。已经有研究发现，气候对城市的影响存在着三个不同的尺度，即宏观、中观和微观（Dodd，1988a）。宏观尺度一般指的是一整个城镇、城市、区域的环境，而中观尺度被定义为村庄、教区或由紧密的建筑群构成的环境，例如那些位于医院或大学校园范围内的建筑群。最后，微观尺度的环境被认为是一个单独的建筑物或者小型建筑群。在那些建筑物彼此相邻的区域，可能会出现微气候区重叠的情况。

有学者认为，20世纪的城市开发往往忽略了打造宜居环境的目标，许多建筑被设计成"流线型"（令人联想到汽车和飞机），但这增加而不是减少了气流通过那些特定表面的速度（Dodd，1988a）。只有少数建筑物的设计很好地适应了它们附近的景观，这导致了一种失败的结果，即相关设计并没有很好地利用那些景观的潜在元素来改善建筑周边以及建筑之间的微气候，进而使得英国每年都会浪费数百万英镑在能源和取暖上。在理解了建筑周围的空气流动、建筑通风以及室内空气流动的基础上，景观以及开放空间可以提供一种有效的解决方案，这套方案不仅适用于单个建筑，也适用于建筑群和城市环境中不断发展演变的建筑形式（Morcos-Asaad, 1978）。此外，那些经过精心规划、设计和管理的景观以及城市环境的存在也为野生动物提供了栖息地。这些栖息地十分重要，不仅在于它们能够为那些野生动物提供生存环境，还在于它们为人类在城市环境中能够每天接触大自然提供了机会，正如本书第二章所讨论的那样。

这种通过精心规划、设计和管理来改善城市环境的做法，能够有益于大都市里的许多个人和群体。然而，建筑及其相关景观的布局和设计通常并不由居住或者工作在那里的人来主导。相比之下，能产生更多影响的人包括参与项目开发的专业人士，例如建筑设计师、景观设计师和规划师，以及掌握项目开发资金的开发商或者项目委托人，因为这涉及他们的经济利益。此外，雷纳尔和马龙（1998b）明确提出的"给政策制定者的十项建议"中写道，世界各地的地方政府可以通过决定、控制或影响规划和设计指标，例如开发项目的密度、混合程度以及空间布局，对人们的日常生活产生诸多影响。

也许，就对城市气候的影响、绿地和树木带来的改善作用，以及为城市中的野生动物提供栖息地而言，开放空间最为重要的价值在于它们的这种效益是给予所有人的。它们为那些使用它们的人开放，它们也为那些不使用它们的人开放，它们不是为了某一个人或者社会中的某一阶层而开放的。这是最高级的社会包容：城市开放空间的环境效益是给予所有人的，不论他们的社会阶层、信仰、种族和性别。

36

城市气候和环境

许多研究人员和学者都讨论过城市开发会影响到的不同环境因素以及相应的后果（参见Frommes and Eng, 1978；Lenihan and Fletcher,

1978；Gregory and Walling，1981；Gilbert，1991；Hough，1995)，同时也有另外一些研究者讨论了如果城市地区能够得到良好的设计和管理，相应的景观能够带来的比较好的改善效果（例如Spirn，1984；Beer and Higgins，2000)。城市化环境在物理和化学方面的变化也得到了讨论。钱德勒（1978）认为这些环境变化包括气流、空气污染、辐射、日照、温度、湿度和降水。所有这些方面的影响，不论是单独的还是组合的，在不同的城市都会有不同的特征，但钱德勒也得出了一些基本的普遍结论。

气流

气流由风速、风廓线和湍流确定。当风从城市外面的乡村吹向城市地区时，风速会发生改变，因为城市建筑群的粗糙表面会在城市区域内降低风速。例如在伦敦，秋季、冬季和春季时（这三个季节的风力较强)，城市中心的风速分别会减小8%、6%和8%。夏季时因风力较小，此时城市和乡村的平均风速几乎没有差别。风廓线也受到了城市建筑的影响，高层建筑的存在会在局部地区增加风速。湍流一般发生在街道上，特别是高层建筑的周边（Chandler，1978)。

空气污染

空气污染主要出现在城市地区，并影响着这些地区，尽管风会带走所有空气中的悬浮微粒，而不管政治或经济的边界是如何划定的。我们也可以说，这并不是城市环境的一个新威胁，而是一个在20世纪的发展和变化过程中需要长期面对的问题。1952年的伦敦烟雾事件是工业化带来的恶果，并夺走了将近四千名居民的生命（Chandler，1974)。这场灾难导致了1956年出台的《清洁空气法案》，以及1968年该法案的修订增强版。今天的空气污染主要来自工业生产过程和越来越多的机动车。相关污染物包括金属、硫氧化物、一氧化碳、氮氧化物、碳氢化合物和二氧化碳。想要估测城市的综合空气污染程度并不是一件容易的事情，因为该指数会根据气候因素（包括风、空气温度以及当地的活动）而发生改变。由于污染物覆盖了大部分的城市地区，能够穿透到地面的辐射量降低了。研究推测,在污染严重的地区,每天都可能会造成空气温度升高10℃。

温度

在一般情况下,城市区域的温度往往会比周围的乡村区域更高,尤其是在夜间。这一关于城市环境的理论如今被称为城市热岛效应,该名词由劳里(1967)首次提出。有四个因素被认为造成了城市热岛效应。首先,城市和乡村在物质材料上的差异十分重要。城市的建筑和街道主要由岩石类的材料建成,而这种材料的导热速度是沙土的三倍。其次,城市和农村在建筑的形态和朝向上差别较大。再次,大都市通过多种方式产生了热量,例如供暖和烹饪。最后,是城市处理水的方式。通过使用排水管、排水沟和下水道,降雨会很快地从地表流走。而在乡村地区,大多数降雨会保留在地表或者靠近地表的地方,这些水可以发生蒸腾作用,从而降低空气温度。此外,城市的空气中包含了大量气体、液体和固体污染物,这些都会减缓热量的释放。城市和农村在夜晚的温度差约为5℃,甚至可能会达到11℃。这种效应被莱尼汉和弗莱彻(1978)深入讨论过,并由一些学者进行了综述,例如科顿和皮尔克(1995),以及吉拉德特(1996)。

湿度和降水

关于城市和乡村的湿度的研究开展得较少(Lenihan and Fletcher, 1978)。尽管许多城市都在种植更多的植被,但是与农村地区相比,城市的"无孔"地表面积仍在不断增加,且城市的地表大多由混凝土、柏油碎石和建筑材料构成,这通常会导致较低的湿度水平。尽管美国许多城市地区的年降水量增长了5%—8%,甚至在夏天的雷暴天气中,这个数值会上升到17%—21%。据报道,世界范围内的许多其他城市也有着同样的增长。由于较高的温度以及风的运动模式的变化,一些城市地区出现了越来越多的冰雹天气。城市降雨的增加被归结于一系列因素,包括燃烧源产生的水蒸气、温度升高造成的热对流,以及城市表面粗糙程度的

37

增加而产生的机械对流等（参见Peterson，1969；Rouse，1981）。总的来说，由于降雨总量的变化、洪峰特征的变化以及水质的变化等，城市的水文情况与乡村完全不同。

改善城市气候和环境

气流的改善

单个建筑物、建筑群和人们所使用的场所周边的气流可以通过防风林得到改善——往往以围栏或者绿植的形式构成。景观中的防风林最高可有50%的孔隙率。关于混合高度、常绿植物和防风林的益处，以及不同地方的防风林该如何选择树木种类、尺寸和方向，都已经得到了有效的讨论（参见Dodd，1988b）。这些讨论涵盖了宏观、中观和微观尺度的开发。防风林带来的影响被总结为减少空气运动和风驱雨现象、提高建筑物周围的环境温度，以及降低风速。通常有三种类型的防风林种植方式，即在场地边缘种植、在场地内部分散种植，以及应用了偏转技术的防风林种植方式（Dodd，1988c）。防风林的价值及其在改善建筑物周边风场上的重要性已经得到了许多学者的讨论，包括莫尔科斯–阿萨德（1978），他认为防风屏障能够将吹向受保护区域的气流疏导到这些区域的上方。固体的防风墙会导致受保护区域的上方产生旋涡，这降低了其有效性，而防风林所具有的高密度和高厚度，能造成更好的防风效果。树木可以降低风速，且当其被种植在建筑物附近时，它们还可以成为提高个人生活舒适水平的积极因素（Federer，1976）。

减少空气污染——二氧化碳

开放空间的其中一个功能就是改善邻里社区的空气质量。在这个过程中，二氧化碳被植物吸收，而氧气则被释放到空气中。因此，开放空间在改善城市空气质量方面起到了十分重要的作用（Francis et al.，1984）。大片的开放空间有助于空气的流动和循环，进而有利于提高热空气和受污染空气的流动。城市公园不仅能够起到吸收二氧化碳并释

38

图3.1　大量的建筑物影响了微气候

放氧气的作用，而且还能改善城市环境，因为修建城市公园总好过修建道路，后者会带来内燃机引擎，以及汽车排出的各种污染物。

树木的固碳能力，以及能力稍弱一些的土壤的固碳能力，已经得到了比较详细的研究，但是仍有许多问题值得进行详细深入的考虑。一系列的研究发现，二氧化碳含量水平的增加会加快植物的生长，例如大豆和橘子树等种类（Cotton and Pielke, 1995）。他们认为，如果这样的增加对其他农作物也有效的话，人类产生的二氧化碳就有可能被指定区域内的生物大量吸收。甚至可以说，这种情况不仅在农作物中发生，也在所有普通的能够进行光合作用的植物中发生；因此，植物的出现可以降低城市空气中的二氧化碳含量。

39

根据测算，大约需要1—2公顷的树木才能抵消一栋典型的新房所产生的二氧化碳（Barton et al., 1995）。考虑到一整年的发电和燃油消耗所产生的二氧化碳，研究根据一个案例讨论了建筑物的日常运行所带来的碳消耗。供热产生的二氧化碳是照明和空调用电的10倍（Rowntree and Nowak, 1991）。研究表明，建筑系统产生的碳需要1 000株阔叶树或者针叶树经过60年才能吸收,这还需要保证这些树能存活这么长的时间并且不会被替代掉。此外,该研究还指出,美国的新生婴儿只需要种植45株树苗,就可以抵消他们一生的碳排放量。美国有世界最高水平的人均碳排放量,这是由于一系列因素的影响,包括汽车的高使用率以及廉价的燃料等。

减少空气污染——吸收污染物

某些种类的树木和灌木可以在大工业城市扮演生物储存器的角色,特别是储存那些重金属元素而不会对它们的植物材料产生有害影响(Borhidi,1988)。落叶植物的叶子中积累的有毒元素会在树叶脱落时被清除殆尽,这降低了植被富集区的有毒元素的浓度。匈牙利的布达佩斯制作了各城区的污染程度地图,从中可以发现那些污染程度最高、最不适宜排解压力的地方就是工业区、市中心的居住区以及办公区。此外,博伊迪指出,城市空气质量的改善需要通过一系列长期的措施来增加绿地面积,包括保护现有的森林区域,增加新的森林区域,建立新的公园、游憩场地和绿色运动场,种植行道树以及改进公园和花园的管理维护。

此外,有研究确认了一株道格拉斯冷杉每年能够吸收19.5公斤的硫而不会对自身带来损伤(Girardet,1996)。另外也有学者发现,公园环境中的树木可以过滤掉空气中多达85%的悬浮颗粒,但是在冬季当树叶已经从树上掉落之后,这个数字会减少到40%(Johnston and Newton,1996)。有证据表明,一条种植了树木的街道能比另一条类似的但没有种植树木的街道的粉尘含量少10%—15%(Johnston and Newton,1996)。进一步的研究发现,阔叶林可以降低草地17%的环境温度,而针叶林能达到降低117%的效果(Broadmeadow and Freer-Smith,1996)。

降低空气温度

树木可以在降雨的时候庇护脚下的一块土地,同时还能保留和蒸发一些雨水;夏天的时候,它们还可以通过蒸腾作用增加空气的湿度(Federer,1976)。

一棵树每天蒸发的水量最高可达380升,因而可以有效冷却其附近的空气（Girardet，1996）。其他研究也发现，个别的树木在小范围的城市地区，并不能对空气温度和湿度产生太多的影响，但是更大的树木群则能在中观尺度上改善空气温度（Heisler，1977）。城市绿色空间的大小会对空气温度的降低产生显著的影响。而小于一公顷的绿色空间并不能产生明确的降温效果。城市绿地的降温效果被归纳为一个专门的词汇，"公园冷岛"，以对应劳里所定义的城市热岛，尽管城市绿地对降温效果的影响程度还需要进一步的研究（Spronken-Smith and Oke，1998）。降温效果也取决于各种因素，例如植被的形状、公园的设计以及植被所占的面积比例等（Von Stulpnagel et al.等，1990）。

40

太阳辐射和日照的改善

也许树木最为明显的益处就是它们能够吸收和反射太阳辐射，从而给人们在炎热中提供一片阴凉。有一系列的研究（主要是在美国）关注了针叶树和阔叶树的遮阴效果——无论是在夏天有树叶的时候，还是冬天没有树叶的时候。结果表明，通过吸收和分散太阳辐射，树木可以降低炫光现象，而炫光是因为城市里的大量建筑物使用了玻璃和浅色建材而引发的普遍现象（Federer，1976）。在1980年，得克萨斯州的一个研究课题评估了一些50—60英尺高的橡树在一个建成15—20年左右的居住区产生的遮阴效果。分析结果表明，树荫确实降低了研究区域中处于相同气候条件下的空调系统的能量需求（Rudie and Dewers，1984）。在世界上的某些地区，这样的树荫被认为是一种积极的事物，但同时也会有一些担心，因为树荫也可能对太阳能集热器造成干扰，无论是夏季茂盛的树木还是冬季光秃的树枝。

塞尔和梅达（1985）认为，行道树可能会对现有的或将来的太阳能集热器产生影响，如今已经有必要重新考虑相关的行道树设计政策了。该研究进一步阐述道，树木种植在那些装有太阳能集热器的住房南侧，会减少太阳能的获取。研究通过计算机模拟了这种情形，并选择了美国的五个具有不同纬度、海拔高度、冬季房屋采暖需求、夏季房屋制冷需求以及有效辐射水平的地点。关于降低能源消耗的方法，此研究提供了两组因素和结论供设计师和施工方参考。首先,在考虑太阳能所节约的成本时,种植行道树并不如改善建筑物产生的效果显著,尽管这将取决于许多因素,例如气候和能源价格。话虽如此,但研究人员很清楚地表明了,行道树产生的影响是不容忽视的;事实上,他们声称,树木的种植位置设计得越合理,越能够细致准确地保证太阳能获取通道畅通,建筑能耗效率也就越高。其次,研究证实了,树木在夏季可以降低周围空气温度,到了冬天则可以减少寒风的影响,从而降低能源消耗。良好的树木位置设计和管理能够降低能源消耗,但是这可能取决于场地的位置、树木的品种、树木和建筑之间的位置关系,以及对树木的管理维护等因素(Heisler,1986)。因为英国的气候与美国不同,且地理位置和条件也有差异,所以如果可以在英国进行此类研究将会非常有价值。正如希切莫夫和博纳戈利(1997)所指出的,英国的夏季比美国更凉爽一些,而且在某些地方,树荫被一些人看作消极因素。

噪声污染

虽然在本章的开头并没有讨论噪声方面的内容,但是城市环境中的噪声确实可以通过开放空间得到改善。一些人认为,树木具有显著降低噪声影响的能力,而海斯勒(1977)在回顾了一系列的研究结果之后发现,树木在降噪方面存在着许多的益处。第一,单个树木并不能降低很高程度的噪声,除非是由很多树木形成的隔音屏障。第二,树叶摩挲的声音,以树木为栖的鸟类、动物以及其他野生动物发出的声音会影响人们对噪声源的感知,从而起到降噪的效果。第三,树木也可以成为一种心理屏障,如果在人与噪声源之间放置一个植物屏障,那么这一植被幕布可以让人更少地意识到噪声源的存在。总的来说,树木的降噪功能是一个比较复杂的议题。它取决于噪声的类型以及用来削弱噪声的树木的类型,因41 为,正如研究中表明的,对噪声的感知并不直接等于实际的噪声水平。

植被和绿地对城市气候的改善

由此可以看出,在区域、城市范围和单个建筑的尺度上,开放空间和与其相关的元素,尤其是树木,可以对气候和微气候产生有益影响。这些效益包括吸收空气中的污染物、固碳、降低城市过高的气温、提供阴凉、降低风速、减小噪声以及降低建筑物的能源消耗。而这些效益在城市区域中所能达到的程度,则取决于对景观和景观周边的建筑物的细致且专业的规划、设计以及管理。

野生动物——栖息地和人类体验的机会

在城市环境中通过绿色空间提供野生动物的栖息地,对城市生活具有两方面的重要作用。首先是固有的效益,城市中有野生动物生存,这提供了一个科学的机会来定量和定性了解这片区域中的野生动物的情况。其次是使生活在城市环境中的人们能够在邻近的地方体验自然,正如在第二章中讨论的那样。多年来,一个事实已经得到了广泛的承认(例如Goode,1989),即野生动物栖息地越来越重要的原因是,它为人们与野生动物产生关联和互动提供了可能性。这可能是通过参与特定的项目或者个人日常生活中涉及野生动物的体验而得到的。

在一些城市,保护野生动物的重要性已经得到了广泛接受,甚至某些地方还制定了重要的指导方针和法律规章。柏林的城市规划采纳了一系列的政策,其中包括各种关于开放空间和野生动物栖息地的议题(Sukopp and Henke,1988)。例如防止现有绿色空间遭受干扰,建立自然保护优先区域,考虑大自然在城市中的发展、历史的连续性、栖息地种类的维护、使用强度的差异,保护大型未分割的开放空间,建立一个关于开放空间的网络,保护城市景观中典型元素的多样性,以及建筑物和生态系统的功能融合。

许多动物都被发现生活在城市绿地之中。有许多鸟类被观察到生活在阿姆斯特丹和伦敦,苍鹭在这两个城市建筑了许多巢穴(Laurie,1979)。更常见的是山雀、乌鸫、歌鸫、篱雀、绿雀等鸟类,它们生活在古老的维多利亚灌木丛中的常青树上。城市中的建筑物也为许多鸟类提供了生存机会,如鸽子、椋鸟、红隼、海鸥、松鸦和绿头鸭等,在此仅举几例。这些遍布全英国的鸟类，在近些年来一直由英国鸟类学基金会、大自然保护协会以及英国皇家鸟类保护学会通过协同开展英国鸟类繁殖情况调查进行监测。该调查在监测城市地区的同时也监测了农村地区，其结果中发现的趋势值得一看。其中一个例子很值得重视，即鸫科鸟类，包括乌鸫、歌鸫和槲鸫。在20世纪70年代和80年代，这些鸟类出现了数量上的严重减少，而在20世纪90年代，它们的种群逐渐趋于稳定，且前两个品种在数量上明显地有所增加（Noble et al., 2000）。

哺乳动物通常被认为比鸟类更难适应城市环境。然而，灰松鼠可以在城市中很好地生活，而且还深受大众喜爱，但是开放空间的管理者并不喜欢它们。獾类生活在獾穴中，经常位于那些较大的私家庭院或者郊区的开放空间。近些年来，刺猬和狐狸也吸引了很多人的目光，在城市中经常可以看到狐狸出没的踪迹。城市中最为常见的无脊椎动物是蝴蝶和瓢虫，而其他的如飞蛾和蜘蛛往往被人们视为滋扰。有些人认为这种城市地区野生动物的增长现象是农村使用化学物质和其他现代农业技术所导致的。1975年的一项针对西米德兰兹郡的环境调查，在伯明翰地区发现了一系列野生动物的栖息地。其中包括城市南部的翠鸟、茶隼、野猫群，以及伯明翰博物馆屋顶的八十种飞蛾（Nicholson-Lord，1987）。

对于同样大小的场地来说，在城市的景观里可以找到更多的植物物种，特别是城市的边缘地区（Sukopp and Werner，1982）。类似地，有一系列的研究表明，欧洲的城市地区存在大量的鸟类和动物物种。这些研究所强调的是，如此丰富的物种不一定和生态财富相关，而生态财富由稀有濒危物种的数目确定。此外，各种各样的研究对哺乳动物、爬行动物、两栖动物、鸟类和无脊椎动物在欧洲城市中的生存情况连续关注了很多年。松鼠、石貂、老鼠、田鼠、地鼠、兔子、刺猬和鼹鼠被发现于许多的城市地区，并与狐狸一样被公认为正变得越来越普遍。蜥蜴被认为是欧洲城市里唯一具有重要意义的爬行动物，而具有代表性的两栖动物则是蟾蜍（Sukopp and Werner，1982）。各种各样的鸟类都在城市中开辟了新的栖息地。在城市中心地区，通常会包括高层建筑，来源于悬崖地区的鸟类,例如鸽子、雨燕、红尾鸟、寒鸦和茶隼等都可以在这里找到。城市中心和住宅区为草原物种提供了栖息地,例如麻雀就是如此,而食虫类动物和来源于森林环境的物种,例如雀类和乌鸫,可以在那些分散的建筑物或者大型公园中发现。昆虫的栖息地大多是植物群落,而个别物种会使用那些构筑物,例如建筑、桥梁和围墙等。典型的物种包括蝴蝶、蚯蚓、蜜蜂和苍蝇。研究认为,一株本土的橡树能够让284种昆虫栖息,而一株柳树可以支持266种,桦树和山楂分别可以支持149种和109种(Nicholson-Lord,1987)。

建筑密度(从农村边缘区到市中心区)的升高也通过动物和植物种类数量的减少得到反映,虽然在城市内的一些大型开放空间中,某些物种的增加并不符合此规律(Harrison et al.,1995)。许多因素都被纳入了考虑之中,以研究它们如何影响物种的数量和多样性,例如场地的年代、开放空间的连续性、外在的干扰以及过去的管理实践等。另外一个能够影响物种数量的元素就是场地的规模,这个因素也被分为三个级别进行考虑,一公顷、十公顷、一百公顷,而一百公顷被认为是可以支持一个拥有较齐备种类野生动物的合适规模。由建筑形态所造成的绿色空间的破碎化和分离化会导致生物栖息地的孤立,而绿地廊道以及场地之间的联系对于生物栖息地的连续性来说相当重要(Harrison et al.,1995)。

对于城市而言,是否存在一个可以维持野生动物生存的最小的规模?五公顷被认为是适合野生动物生存的最低要求。绿色开放空间网络以及环绕城市的绿化带所带来的效益也被认为十分重要(Ludeman,1988)。观测发现,鸟类的数量依据植被的大小、形状以及分布而有所差异(Goldstein et al.,1985)。一般来说,林地植被面积较大的地方,存在的物种数量就会越大,而对于领地防御和觅食来说,场地的形状为圆形时最为高效。

自从查尔斯·罗斯柴尔德于1912年建立了自然资源保护促进协会(SPNR),野生动物和自然场所的保护得到了一系列组织的支持和促进。政府、土地所有者以及自然主义者联合在了一起。在1926年诺福克郡自然主义信托组织成立之后,其他的信托组织也在20世纪50年代相继成立。这些组织在未来50年里不断联合,并在1992年成立了"城市野生动物联合体",而"野生动物信托"一词也在1994年被这些不同的信托组织所采纳。野生动物信托组织覆盖了广大的乡村和城市地区,**43** 并维持着46个独立的野生动物慈善机构和100多个城市野生动物小组的运营。这些信托组织的成员总数目前超过32.5万人。在城市地区,野生动物信托组织已经参与到鉴别和保护野生动物的活动中(The Wildlife Trusts,2000)。早期由城市野生动物小组完成的项目,例如在布里斯托尔和伯明翰开展的"野生动物观察"计划、参与城市生活的野生动物调查等。这些项目把专业人士和业余爱好者汇集到了一起,社会各界人士,从幼龄儿童到退休老人,都能有机会帮助编写城市野生动物栖息地的详细记录。在某些情况下,这些记录还会被列入当地政府的规划文件(Nicholson-Lord,1987)。有几个城市的野生动物信托组织,例如谢菲尔德野生动物信托组织,把保护野生动物的理念推进得极为深入。同地方当局和其他合作方一起,谢菲尔德野生动物信托组织使社区参与进了比纯粹的保护野生动物更为广泛的议题当中,例如城市开放空间的再生等。其中的一些工作由遗产彩票基金、专项再生财政预算方案或欧洲基金提供资金支持。

大自然保护协会(Simmons,1990)发布了一个城镇和城市自然保护区的行动纲要。该纲要接受了一个基本原则,即城市地区的大面积绿色植被并不一定意味着各种不同野生动物的栖息地,因为许多这类城市空间都被那些需要精心管理的"绿色沙漠"景观所覆盖——常常是那种被精心修剪的草坪,几乎没有作为野生栖息地的价值。与此相似,如果与那些被忽视或者被遗弃的铁路用地、运河沿岸或废弃场所周边的多种多样的群落相比的话,在建筑周围大量种植非本地植物也几乎没有作为野生栖息地的价值。该纲要还规定了一些"城市开发和规划的生态导则"(Simmons,1990),其中讨论了许多问题,例如避免污染、地下水的维护、历史的连续性、绿色廊道和大面积绿地的价值、地方物种的多样性和差异性,以及建筑物为野生动物提供的生存机会。此外,该纲要还讨论了作为野生动物栖息地的现有绿地的重要性,以及建立新的绿地的可能性等。

结　语

　　城市开放空间的环境效益与两个元素相关——对气候和环境的改善，以及为野生动物提供栖息地的机会。生活在城市环境中的每一个人都能够受益于气候和环境的改善，不论他们是否使用城市开放空间，甚至不论他们是否知道这些空间的存在。所有的环境效益都与城市绿色空间相关，而这些空间的质量、数量以及相互之间的邻近程度，将会影响到任何一个特定的环境效益在一年中任何特定时间里的价值。　　44

第四章 经济效益和机会

导 论

　　已有研究指出，某些生活品质因素可以影响人们对居住地点的选择。这已经清楚地体现在了休闲和游憩活动方面（Marans and Mohai, 1991）。但是，生活中存在哪些方面和开放空间相关呢？开放空间在城市中的存在是否会影响人们选择在哪居住？开放空间在城市中的存在是否会对其周边的房产价值产生影响？开放空间在城市中的存在是否具有其他经济作用——例如创造就业机会、推动城市再生或者刺激旅游业发展？

　　关于这一点，在英国似乎并没有什么重要的研究，也几乎没有相关著述论证，尽管在美国已经有一些相应的研究表明了开放空间的存在会对一个城市的经济产生影响。国家城市林业局展开了行动，试图寻找一些较为合适的方法，以调查和评估房产价值与其周边树木的关系。通过采访开发商和业主，这项研究发现，景观确实可以对相应地区的房产的价值产生影响（Somper, 2001）。尽管在英国仍然缺乏实证研究，但是确实有一种推测认为，公园或开放空间增加了房产的价值。环境部（1996）已经将城市绿化可以提升房产价值视作一项基本原则。对伦敦的一些地产代理的电话访谈表明，面积比较大的开放空间确实会对楼价产生影响（Llewelyn-Davies Planning, 1992）。在一些城市，例如伯明翰、布里斯托尔和谢菲尔德，发现了一些有意思的现象。新闻报纸或者参与了城市再生项目的专业人士发现，对外部环境的改善已经或者正在提高房产价值,或者推动了某些方面的经济发展。但是,目前还没有全面的证据表明,城市地区的开放空间有对城市经济产生影响。

本章已经指出了一些值得思考的证据,但仍然不够充分全面,还需要更进一步的研究。接下来将讨论一些关于房产价值的研究,主要针对的是邻近树木和开放空间的住房。这方面的大部分证据都来自美国,但也有一些研究来自欧洲。随后将讨论在不同种类的开放空间中存在的就业机会问题。农作物生产也得到了讨论,尽管在英国,它对经济的贡献并不是最主要的,而且通常扮演的是社区建设工具的角色。旅游业也得到了简要的讨论,该行业涉及了一些管理着主要开放空间的人。也许我们更应该做的是改进我们的城市开放空间,让那些来自其他城市地区、郡县甚至国家的人,也能体验到开放空间带来的诸多益处。

对房产价值的影响

关于某些国家的早期城市公园开发的研究著作表明,邻近公园的土地和房产的价值比远离公园的土地和房产的价值要高。该著作指出,建造伯肯海德公园(于1847年建于利物浦)的主要目的是提高该地区的土地价值(Hoyles, 1994),同时记录显示,公园附近的租赁土地价格在两年内从每平方码一先令上升到十一先令。另外也有证据表明,利物浦的普林斯公园对于周边的住房开发极为重要(Taylor, 1994)。在芝加哥,西芝加哥公园周边的土地价值在公园建成之前就发生了上涨(Danzer, 1987)。在公园建设完毕之后,与其相邻的住宅的价格达到了距离略远的住宅的价格的两倍。西芝加哥公园管理委员会第二年的年度报告显示,邻接该新建公园的土地的价格增长了三至五倍,委员会主席在报告中也引用了其他城市关于公园周边土地价值上涨的经验(Danzer, 1987)。

弗雷德里克·劳·奥姆斯特德在纽约中央公园大获成功之后,又在北美洲设计了超过三千个景观作品,作为景观设计巨擘,他能够说服地方和国家的政治家们,让他们认识到公园和开放空间在社会和经济方面对城市人口十分重要(Barber, 1994)。奥姆斯特德知道,纽约中央公

45

园项目用于土地征用和建设的费用必然会引起纽约市的关注。1856—1873年间,他持续调查了位于公园周边的三个选区的房产价格。到1873年底,纽约中央公园项目在土地征用方面花费了500万美元,并在改善环境方面花费了890万美元,共计1 390万美元。奥姆斯特德假设,如果没有纽约中央公园,此地周边房产价格的增长将与其他地方相同,即在这18年里,公园周边的三个选区的房产价格应与其他选区的房产价格一样,都增长了100%。然而,他清楚地发现,公园周边的三个选区的房产价格在这18年里实际增长了近900%(Crompton,1999)。

一些较新的证据显示,越接近开放空间,房产价格就越高,但是有些人也声称,如今所使用的研究方法仍需要进一步完善(More et al.,1988)。这项研究提醒了我们,在使用相关技术来研究开放空间周边的房产价值的时候,其实并没有考虑到租住这类房屋的人使用这些空间的价值。此外,开放空间的经济价值可能并不仅仅体现在房产价值上面,它也可能拥有一些无法量化的价值,比如个人使用者在使用这些开放空间时的体验。大多数的屋内休闲设施和活动都需要付费,而在城市的公共开放空间中游玩则通常并不需要付费;因此,我们怎么可以把经济价值置于对开放空间的使用之上呢?对于一些人来说,给他们提供这些体验可能是无价的。说了这么多,让我们了解一下近30年来的一些研究,其中也包括试图调查开放空间与房产经济价值之关系的研究。

树木的存在已被证明会影响到房产的价值。有两种方法被用于此项研究:假设的销售数据和实际的销售数据。假设的销售数据是指,当景观设计师完成了未开发用地的方案设计后,利用设计模型来询问他人所认为的该情况下的土地价值应该是多少。研究指出,树木让未开发土地的感官价值增加了大约30%(Payne and Strom,1975)。研究还发现,一旦土地得到开发,房产周边拥有树木和没有树木所产生的房产价格差异可能接近2%。美国佐治亚州的房屋建造商发现,在树木繁茂的土地上建设的住宅比没有树木且其他条件相当的住宅的平均销售价格高7%(Seila and Anderson,1982)。

同样地,假设房产价格的方法也被用在马萨诸塞州的阿默斯特市,对那些有着近似外观的房屋而言,树木种植较少或者较多的房产在价格上大约存在7%的差距。康涅狄格州的曼彻斯特市则使用了实际销售数据来测算房屋价格。在这里,周边有树木的房产,在其他因素相同的条件下,比那些没有树木的房产价格高出6%(Morales et al.,1976)。

其他的研究也表明,小区内树木的数量会对房屋的实际销售价格产生影响。此外,花园内的树木数量也同住宅的大小、娱乐设施的数量以及卫生间的数量相关。那些附带树木的房产的价格比没有树木的要高出3.5%—4.5%。阔叶树被认为比针叶树能够给房产带来更高的价值提升,且中等和较大的树木(这里并没有更多关于尺度的定义)比较小的树木更能为房产增加价值。该研究的后半部分提到,众多关于树木和房产价格的研究都是在美国的东部地区进行的,并建议更进一步的研究需要在美国的其他地区展开(Anderson and Cordel,1988)。

有研究报告说,邻近公园或者其他的开放空间的土地比那些远离这类福利设施的土地价格更高。联邦住房管理局表示,该价格的差异幅度可能高达15%—20%(Gold,1973)。此外,在科罗拉多州的博尔德市,独立家庭住房的实际销售价格与它们和城市绿带的距离呈正相关(Correl et al.,1978)。这项研究发现,在考虑了可能产生作用的其他变量的基础上(包括用地面积、建筑大小、房屋年代以及房屋拥有的房间数目),住房到绿化带的距离每近1英尺,房产价格升高4.20美元。

在马萨诸塞州的伍斯特市,一项研究使用享乐价格法监测了距离4个不同公园4 000英尺内的房产价格在5年内的变化(More et al.,1988)。这项研究发现,平均而言,房价会因为邻近公园而上升。距离公园20英尺的房屋的平均价格,比距离公园200英尺的类似房屋的价格要贵2 765美元。这种价格的增加在那些距离公园入口超过2 000英尺的房屋身上消失了。该研究也发现,价格增加的差异明显地取决于房屋所邻近的开放空间的种类。相比那些具有丰富体育设施的开放空间,邻近公园类开放空间的房产被认为具有更高的经济价值,尽管学者们认为通过对那些拥有体育设施的开放空间的边缘进行细致的设计,可能克服这种消极影响。

46

图4.1 靠近树木能够增加房产价值

很多英国人都喜欢拥有良好景色的山丘地势，尤其是那些视线可以越过公共开放空间的地方（Young and Wilmott，1973）。有些人认为，就像20世纪80年代的沃灵顿新城那样，在建筑实体被开发之前进行种植，可以为私人开发商提高土地价值（Tregay and Gustavsson，1983）。他们声称，开发商对于形象更为关注，销售围绕在一个已经建成的、有吸引力的景观周围的房屋，总比劝说人们在那些被拆掉的炸弹工厂周边生活来得容易，而这些曾经的炸弹工厂就是沃灵顿正在考虑的特殊开发场地。

鲍威等人（1995）使用享乐价格法研究了英格兰东北部的泰恩-威尔郡地区的房产价格。在一株阔叶树的500米范围之内和一个大型开放空间的500米范围之内，分别会提高房产价值的8%和5%。由于拥有相关福利效益的区域往往会成为中产阶级和专业人士聚居之所，因此研究结 **47** 果可能会受此影响。以距离阔叶树和大型开放空间的远近为衡量标准，会发现那些效益较少的地方都与较低的社会经济阶层相关。可见，福利设施和社会阶层似乎存在某种关系。而这种关系也可以发生改变，如果在社会经济阶层较低的人群居住的地方种植更多的阔叶树，或者创造大型的开放空间，那么这些区域的房产价值也可能得到提升。

达拉斯的一项研究发现，公园与居住用地之间的良好兼容对于房产价格具有积极的影响（Waddell et al., 1993）。在北卡罗来纳州的达勒姆市，伊诺河廊道附近的房产价格得到了研究。该廊道有1 327英亩，包括伊诺河国家公园、伊诺河西点公园、旧农场公园以及河流森林城市公园，提供了各种动态和静态的休憩活动机会。研究分析了1988—1992年间位于河流廊道3 000英尺范围之内的195栋房屋的销售价格。在保留了单个房屋特征的基础上，社区特征（例如到达最近的大型商场和公园入口的距离等）也被纳入了考虑。结果清晰地表明，相对于房屋与公园之间的距离，人们更乐意靠近伊诺河廊道，后者让房屋的平均价值提高了将近16 000美元。靠近公园大门也是人们乐于接受的，房屋每接近1英尺，销售价格就增加5.91美元（Parks and Jenkins，未出版）。

因为关系到所涉及的样本规模，也许结果更为显著的是一个位于荷兰的研究。在阿珀尔多伦（这是该国东部地区的一个中等规模的城镇）开展的一项研究分析了公园周围400米范围内的106栋房屋的价格。公园周边400米范围内的房产比距公园更远处的房产要贵60%。而海拔最高点的房屋拥有一个良好的视角可以欣赏公园美景，这让它产生了800%的溢价。一个更为详细的研究在此基础之上展开，新的研究涉及3 000栋房屋的交易，以及埃门、阿珀尔多伦、莱顿这三个不同的地区。

研究发现,对于不同的因素,例如能够欣赏到绿化带、公园、运河或者湖泊的良好视野,树木的存在,是在河流附近还是在其他类型的景观附近等,存在着不同的反馈。在埃门,湖泊是一个显著影响房产价格的因素。在湖泊周围1 000米之内的房屋,其价格会比那些较远的房屋高7%。能够观赏水景可以提高10%的房产价格,而拥有与水体相连的花园的房屋,其价格会增值11%。在阿珀尔多伦,公园周围400米范围内的房产,其价格会增值6%。如果能观赏到公园,则可以增加额外8%的价格,而如果只能看到多层建筑,则会降低7%的价格。在莱顿,能够欣赏到"有吸引力的水体景观……相比那些不够吸引人的环境",房产溢价估算大约为7%。交通噪声会对价格产生消极影响,大约会降低5%的价格,而一个能欣赏到水景的舒适视角可以让房产增值8%,一个能欣赏到开放空间的舒适视角能让房产增值9%(Luttik,2000)。

就业机会

城市的绿色空间可以为社区参与提供机会,不仅能够帮助培养人们的自尊心,还能让个人和社区培养一些新的技能。此外,城市里的所有开放空间,无论是绿色的(以软质景观为主的),还是灰色的(以硬质景观为主的),都提供了各种类型的就业机会。

在考虑到类似公园的开放空间时,园艺师和公园管理员也许是两种会直接跳到脑海里的就业机会。这两者的意义,尤其是对后者来说,最重要的不是它们为人们提供了工作,而是这些就业机会所能承担的功能。

沃灵顿新城的公园管理服务组织成立于1979年,其主要功能是照顾、保护园林并最大化初期投资。该服务组织主要有三个目标(Tregay and Gustavsson,1983):

1. 保护开发公司对新的景观结构和公园系统的投资。
2. 最大化公园和开放空间的使用、休闲、教育以及其他有益功能。

3.培养公民的环境意识,以及对环境问题的关注,从地方的、国家的,直到世界的。

公园管理员会与学校建立联系,并鼓励后者通过开放空间达到各种各样的教学目的,或者组织各种各样的活动,例如嘉年华、烟花表演和家庭体育比赛,以及其他更小型的活动,例如植树和户外戏剧等。统筹户外运动场地,提供介绍材料,巡逻管理开放空间并进行营销也是公园管理者的职责。类似的活动仍在进行。沃灵顿市的公园管理服务组织开展了一系列活动项目,时间从2001年1月持续到6月,具体活动包括组织人们参与步行、野生动物马赛克拼图、复活节彩蛋绘画、探宝游戏、堆肥课程、黎明巡逻、艺术节、池塘生活课程、制作鸟巢箱以及摄影比赛(Warrington Borough Council,2001)。

从20世纪70年代后期开始,包括公园管理员在内的数千名在公共部门工作的员工离开了他们的岗位,这部分是因为新技术的使用降低了对人力的需求,部分是由于预算的限制,沃尔博和格林哈尔格(1996)将他们描述为我们城市里"消失的人群"。直到20世纪90年代末,才逐渐有了转机,公园管理者们又重新被一些城市请了回来。在谢菲尔德,这一转机发生于1995年,而如今那里大约有二十四名公园管理者。谢菲尔德市议会、专项再生财政预算、遗产彩票基金、欧洲区域发展基金、健康行动区域组织、谢菲尔德野生动物信托组织以及新政计划,都为他们的活动提供了资金援助。公园管理员们会通过拜访学校、安排公园活动、支持当地社区组织的活动等方式来开展教育活动。他们为妇女安排了安全步行活动,在学校的节假日时间为儿童们安排了健康步行等一系列活动。维护治安并不是公园管理员的主要职责,但是他们会经常在公园里出现,被大家看见或被询问,可见他们的存在为公园增加了安全感。

其他许多城市如今也都建立了管理服务组织,在公园和其他类型的城市开放空间所能提供的教育、休憩、散步等益处的基础上开展了一系列相似的活动。英国现有超过四百五十个公园管理组织,它们当中有许多都位于城市中心区,并通过组织种类特别丰富的活动,鼓励大家积极使用公园和开放空间。

在英国,城市开放空间所能提供的就业人数比较有限。一个可以比较的案例就是美国的纽约中央公园,那里有两百五十名员工在全职工作,而且还有其他季节性员工。这些全职员工,包括十一位景观设计师,他们会参与景观修复工程,队伍庞大的"区域园艺师",他们主要负责维护工作,以及负责组织和安排各类活动的管理人员。一个私人机构,也就是中央公园保护协会,资助了当中的绝大多数岗位,而纽约市提供了基本的维护资金。

其他的就业机会涉及范围广泛的专业技术和正规教育水平。场地维护人员和他们的管理者对于开放空间日复一日的体验给人们带来的感觉极为重要。如果一个公园得到了良好的维护管理,一个城市中心广场具有完善且免费的垃圾分类回收设施,那么使用者必定十分开心;但是如果情况与此相反,那些开放空间看起来无人管理的话,公众就会对其产生负面情绪,甚至担心这些空间会滋生犯罪,并进而导致它们被废弃。在一些公园和体育场地,通常由地方当局雇用的体育发展管理官员会利用一些场地设施,组织社区成员(通常是年轻人)开展或学习体育运动,例如足球和网球。

有一部分就业与城市开放空间提供的机会直接相关,即注册景观设计师。他们的工作,是在城市环境中为人们创造和维护高质量的空间。越来越多的注册景观设计师正在与社区一同完成规划、设计和管理的工作,而不是仅仅对委托人负责。

许多这样的就业机会在传统上都由地方当局提供,但在过去的二十年间,私人咨询公司、基础建设信托组织、野生动物信托组织以及开发信托组织已经越来越多地进入了这个领域。此外,就业机会还能在城市农场中找到,他们为城市农场和社区花园联合会提供支持和咨询服务(Federation of City Farms and Community Gardens,1999)。

其他在城市地区长期存在的就业机会包括高速公路工程师、照明工程师、机电工程师、道路保洁员、仓库装卸员、垃圾收集员等。一些在传统上仅由地方当局负责的工作,现在也得到了合伙企业的支持,例如

图 4.2 一些公园管理员组织的活动

城镇中心管理方案,就是地方当局和企业共同努力协作以改善外部公共领域的措施。所有这些类型的工作都由各种各样的人员共同支持完成,并涵盖了几乎所有可能的业务部门,包括文职人员、技术人员和管理人员等。

虽然我们并不知道所有和开放空间相关的就业人数,但是可以肯定的是,开放空间为英国经济的发展做出了重要的贡献。

除了直接提供上述种类的就业机会,一些城市开放空间也通过社区委托的机会创造了经济利益,这是成功的邻里社区再生计划的一个组成部分(Dunnett et al., 2002)。这些成功的再生计划,也包括地方当局和当地社区的合作关系(经常以友好小组的形式进行)。在某些情况下,外部的机构也会参与其中。特别是其中的一些项目已经意识到,年轻人是城市绿色空间最重要的潜在使用者,不论是现在还是未来,这些项目已经开始针对年轻人提供服务,并试图把他们纳入绿色开放空间的再生计划中。在其他一些情况下,开发当地的公园还会带来额外的再生效益,例如创造就业机会、对少年儿童的启蒙以及一些社区发展项目。此外,在公园的附近已经创造出了一些新的商业机会,相关的培训和教育计划也已经启动(Dunnett et al., 2002)。

农作物生产

利用城市里的开放空间种植农作物并供人消费的机会很容易被人忽视,因为很多城市居民都认为农业只应该在农村地区存在。但是在城市里种植水果和庄稼,可以为城市的经济发展做出贡献。在世界各地,有很多城市地区的开放空间都被用作种植粮食。在赞比亚的奇帕塔,曾经也被称为詹姆森堡,其城市人口的很大一部分都来自当地的农村,对传统的维护以及在城市环境中生存下去的双重渴望,让他们中的很多人都选择在空置的土地上耕种农作物(Chidumayo, 1988)。1980年的统计数据显示,在城市中种植的玉米的产量,已经占到城市总消费量的30%。其他一些学者也承认,将城市土地用于食品生产并不能带来很高的经

图4.3 社区花园里的农作物生产

济收益,但是从长期来看仍是十分有价值的选择(Ganapathy,1988)。在诸如德里这样的城市中,大片的土地都被改造成了高质量的草坪,这耗费了很多资源,例如水,如果这些土地被用作城市农业,那么将会有许多人因此而获益,尤其是城市里的穷人。据报道,亚的斯亚贝巴、莱城、 51
上海、香港和卢萨卡等城市都拥有切实可行的城市农业,且主要依靠的是国家提供的支持(Ganapathy,1988)。此类城市农业也得到了吉拉德特(1996)的重视,他发现中国最大的十五个城市中,有十四个拥有自己的农场带,因此直到最近,它们都在很大程度上能够做到自给自足。中国的主要城市,包括北京、上海、天津、沈阳、武汉等,都仍然在生产大量居民所需的食物。然而,此类农业土地正越来越受到威胁,因为大量的城市开发,包括道路和住宅的建设,都需要占用土地。在西方国家,花园、配额地、社区菜园、果园和城市农场等(这些场所并不位于城市的边缘地区,它们实际上都存在于城市建筑环境的构架之内)都是典型的可以为粮食生产提供机会的开放空间。

传统上,英国城市中用于种植粮食的地方都是配额地和花园。在城市中生产食物和发展农业都有很长的历史,同时也有一系列与之相关的议题,包括社区发展的机会、生物多样性、处理废弃物以及种植食物带来的快乐。公园和经历过城市再生的居住区域都能够通过这种途径获益(Paxton,1997)。在城市地区种植食物拥有多种益处,不论是对于个人还是对于社区,因而它也被描述为"一种让人们参与到能够在城市生活品质方面产生重要影响的活动之中的方式"(Paxton,1997)。这些项目可以为社区营造提供机会,可以提高本地社区的归属感和主人翁意识,还可以引导出相应的行动来"维护和提升本地社区品质"。

在城市果园中种植水果由一些传统活动发展而来,例如万圣节的咬苹果游戏。此类果园最初只是为了生产水果而存在的,并不是为了带来某些直接经济利益,但它们同样也产生了各种各样的社区效益。这种方式得到了很多组织的支持和鼓励,例如"共同点组织","在景观中学习",以及"国家城市林业局"等。城市果园可以为社区提供分享知识和技能的机会,可以提升一系列城市场所(如医院和住宅区)的风貌。在学校附近建设果园,还能为国民教育课程提供机会。此外,拥有现成的水果所带来的健康效益也是一个值得考虑的因素(National Urban Forestry 52 Unit,1999a)。

旅　游

有些城市开放空间不仅为当地居民和他们的日常生活创造了多方面的机会,同时也成了游客眼里的当地或全国的著名景点。长期地使用乡村地区的开放空间作为游憩目的地或者获取其他效益,会对乡村景观造成额外的压力,作为替代的是,许多城市居民可以利用自己的城市开放空间来获取不同种类的效益和机会,本书的第一部分就对此进行了讨论。这在2001年尤为突出,当时英国的许多地区因为暴发口蹄疫而导致交通瘫痪,人们在一年之中的很长时间里都与乡村景观隔离开来。通常的那些在乡村进行的休闲活动,例如散步、参观豪华古宅,在那段时间失去了城市居民的喜爱。而使用城市开放空间的人数则出现了大幅增长。

一些开放空间提供了吸引外地游客的机会。此类旅游景点包括植物园,以及那些众所周知的城市空间,例如博物馆和展览馆等。一些城市开放空间公然地宣传自己为旅游景点——也许应当有更多此类案例。伦敦的英国皇家植物园的邱园也许是最明显且最广为人知的一个案例。有意思的是,一些公墓也作为旅游产业发挥了重要作用,包括伦敦的海格特公墓(Rugg, 2000)。城市开放空间所带来的这些旅游效益并没有像它本该得到的那样被广泛认可。尽管如此,在交通运输、地方政府和区域部开展的研究中,一些专题小组仍在比较有限的范围内对其进行了讨论,这表明确实有一些人认同开放空间的旅游效益(Dunnett et al., 2002)。在英国,只有少数地方政府明确地利用了城市绿化环境作为吸引外来投资和游客的一种手段。一些地方利用了英国社区园艺竞赛"盛放英伦"活动作为吸引游客的手段,但是和一些德国城市相比,几乎没有英国城镇以能够吸引游客的创新性公共景观而闻名(Dunnett et al., 2002)。

结　语

虽然城市开放空间的经济效益和机会并没有比其他效益得到更深入的理解和记录,但这并不会降低它的重要性。房产价格、土地价值、就业机会、农作物生产和旅游业等议题都在经济发展过程中发挥了一定的作用,但是也确实需要更进一步的研究,以便更深入地理解影响这些议题的相应流程和机制。

53

第二部分

城市开放空间——所有人的空间

导论：开放空间的类型

正如我们在本书的第一部分所看到的，关于开放空间为何对日常城市生活十分重要，原因是多方面的，包括社会、健康、环境和经济等。但是，什么类型的开放空间才是重要的？将城市开放空间分为不同的类型已经成为一种规划工具。这样的分类也导致了城市开放空间的类型学或者层次体系。

林奇（1981）发展了一种开放空间的类型学，以识别区域公园、广场、带状公园、儿童探险游乐场、荒地、运动场等。这种分类方法可能更注重的是以硬质景观为主的开放空间，而不是那些包含或者专注于绿色开放空间的类型。伦敦规划咨询委员会关于开放空间的研究定义了一种层次体系，包括本地小公园、本地公园、小区公园、都会公园、区域公园和线性开放空间（Llewelyn-Davies Planning，1992）。休闲与福利设施管理中心讨论了一种基于土地利用的开放空间类型学，包括文化和视觉方面的价值（ILAM，1996）。在相应的实践中，一些地方政府已经制定了它们自己的城市开放空间的类型学或者层次体系。城市开放空间的类型学和层次体系都倾向于关注土地利用情况，并据此发展出相应的分组。

有学者认为，针对城市开放空间的层次体系并不能认识到那些规模较小的开放空间为不同用户提供体验的潜力，以及人们希望在离家较近的地方使用开放空间的愿望（Morgan，1991）。开放空间也会依照它们的功能得到讨论和分类。埃克博（1969）认为，开放空间具有各种各样的积极功能，包括提供放松和游憩的空间、保护野生动物、自然和农业资源、美丽的风景，以及塑造和控制城市化进程等。最近由伦敦规划咨询委员会（Llewelyn-Davies Planning，1992）开展的工作表明，公园具有七大功能（游憩、结构、舒适、生态、社会、文化、教育），而公园和游憩空间所带来的效益分为个人、社会、经济和环境四个方面。

最近，城市绿色空间工作小组提出了一种关于城市绿色开放空间的类型学（Department of Transport，Local Government and the Regions，2002），其中定义了两个城市开放空间的主要类型，即绿色空间和公共空间。第一个类型又被进一步划分为公园和花园、儿童和青少年的游乐场、舒适的绿色空间、户外运动设施、配额地、社区花园和城市农场，以及自然和半自然的城市绿色空间，例如林地、城市森林和绿地。该类型学是为了给开放空间的规划和发展提供全国性基础，此外，它还伴随有一个可用于开放空间核定和学术研究的更详细的分类。

这种类型学和层次体系，并没有重点描述空间的品质以及使用者对于空间的体验，或者个人认为的某个特别的空间所拥有的价值。因此，最传统的类型学是从规划师、设计师或者管理者的视角得到定义的，作为分配资源的工具，作为帮助优先考虑城市开放空间的发展或再生的手段。这样的分类可能是有益的，但我更愿意与大家一同去考虑那些城市的日常生活情境，并讨论一种将使用者作为关注焦点的开放空间类型学。

所有人的空间

在人生旅途中，不同类型的城市开放空间往往在不同的人生阶段得到使用——童年、青春期、刚刚迈入成年以及年老后的生活。这些不同的城市开放空间并非只在某一个人生阶段得到使用；许多开放空间都在人生的不同阶段得到了使用，但也有一些开放空间从来都没有被某一些人使用过。举例来说，一家医院可能是有些人出生的地方；但一个青少年，也可能会因为意外或者诸如扁桃体切除手术之类的情况而成为医院

55

的患者；如果是成年人的话，那么有可能是需要治疗癌症的病人；而年老的患者，则可能因为各种问题而需要去医院做一些特别处理。另一方面，有一些人可能永远都不会看到医院里边的样子，甚至连作为一个访客的情况都没有过。与此类似的是，一个公园可能是某个婴儿蹒跚学步的地点，也是大一点的儿童玩耍和骑车的地方，同时成年人会为了健康而在这里慢跑，老人们则会在这里散步遛弯或者喝杯咖啡。

因此，一种从使用者视角出发的类型学被提了出来，其中包含了三种城市开放空间，家庭、邻里和公共，这也是基于"巢域"概念得到的结果。有两个因素可以看出这一分类方法十分有益。首先是关于物质空间方面的原因，涉及从这些开放空间到家庭地点的物理距离。其次是社会方面的原因，考虑到了人们在不同空间中的不同行为，既有可能会花时间在某些地方深入游玩，也可能只是简单的随处看看。这三种不同的城市开放空间其实暗含了三种不同的社交层次，熟悉感、社交感和匿名感。尽管这三种社交体验中的任何一种都可能会在三种城市开放空间类型中的任何一种里发生，但总体来看，这三者之间还是存在着一种过渡变化的关系。

因此，家庭城市开放空间是在物理上与家庭联系最为密切的，在社交方面，此类空间主要由家庭成员、朋友和邻居使用。邻里城市开放空间在物理上并没有和家庭直接相连，而是与那些家庭所在的社区相连。在社交方面，此类空间不仅被家庭成员、朋友和邻居使用，同时，也许还比较重要的是，也会被那些居住在这个空间附近的人使用。公共城市开放空间指的是那些位于城市环境中，但在物理上离家最远的开放空间，也指那些拥有特别价值和战略意义的地方。此类空间更多代表是一种社会融合，在这里，人们往往会遇到来自社会各界的人士，以及来自城市不同地方的人。根据这三种城市开放空间之间的过渡关系，从家庭到邻里社区最后到公共开放空间，使用者了解其他使用者的可能性会越来越小。

在年少的时候，一个人对于城市开放空间的体验可能更多发生在家庭开放空间中，不过邻里开放空间很快就会变得重要起来。公共开放空间往往会在人们青春期之前的那段时光里影响到他们的生活体验,而且还可能会在他们成年后成为其生活的重要组成部分。一些此类空间即便在人们的晚年时光里依然十分重要,但是这取决于个人的生理和心理状态,以及他在此期间的需要和欲望。因此,有些人在他们的晚年时光可能会回过头来使用那些邻里和家庭开放空间,而其他人则会去使用那些公共开放空间。当然,这个表面上的生命周期并没有如此简单,因为一些公共开放空间(也许尤其是医院)会在人生的早期就得到经历。毫无疑问,有些人会不同意这个总体方法。然而,这种由"巢域"概念发展而来的城市开放空间分类,确实在寻求一种从使用者的角度出发的类型学,而不是从规划师、设计师或管理者的角度。

56

第五章　家庭城市开放空间

导　论

家庭城市开放空间就是那些城市环境中在物理空间上距离家庭最近的开放空间——它们同时也可能会是在人生的不同时期被人们最为珍视的开放空间。在这一章里，与居住相关的开放空间将会得到讨论。这包括在居住区内的空间、私家花园、社区花园以及配额地。前两种与住宅的关联最为紧密，因为它们本身就是住宅环境的一部分。社区花园可能会与一小部分家庭住宅相关联，一小片专业人士居住的公寓或者一片由老人居住的平房。社区花园在空间上是可以由大家共享的，但是对它们的使用体验则并不一定是共享的——在某个特定的时间，某个特定的地点，也许仅仅有一个人。另一方面，社区花园也提供了与一个小规模的群体一起聚会的机会，无论是孩子们一起玩耍，还是大人们一起喝一杯咖啡聊一会儿天。配额地可以被看作一种延伸，或者对于一些人来说，是一种对花园的替代。在这里，个人或者家庭可以种植蔬菜、水果和花卉，对于一些人来说，还有自给自足的作用。在住宅和配额地之间可能会有一段距离间隔，但是它们在物质和情感上有着紧密的联系。孩子们可以在配额地中学习如何耕作土地、种植植物，同他们在私家花园里所做的一样。由于社区花园对空间的分享，以及配额地和住宅之间的分隔，许多人因此并不认同它们是家庭开放空间；然而我认为它们就是，因为它们最主要的使用方式正是为了家庭，但是我承认它们与邻里开放空间十分相近。配额地及其使用者确实有潜力发展成为一种替代性的邻里社区,因为他们拥有城市人类学家会对任何一个已建成的邻里小区做出的所有描述,包括联盟和友谊、规范和竞争。

正如在本书第二部分的导论里所提到的,对这些家庭城市开放空间的使用很可能贯穿一个人的一生。对某些人来说,它们也许会在人生的最初几年十分重要,此外,在人生晚年,当他们已经对去往更远的野外没有信心的时候也会意义非常。这并没有否认,对于许多成年人来说,在他们的中年时期,家庭开放空间为他们提供了放松和欣赏环境的机会,例如观鸟、游憩(也许会以园艺的形式),以及与家人和朋友交流等。由家庭开放空间带来的效益清楚地关联到了一些社交方面的益处,如第一章所述:儿童的玩耍,以及各种静态消遣活动和动态消遣活动。健康效益,正如第二章所讨论的,可能是生理上的,也可能是心理上提供了放松和亲近自然的机会。环境方面的效益,包括对气候的改善,在一个或大或小的范围之内;同时,作为野生动物栖息地的机会也取决于植物的数量以及质量。家庭城市开放空间的经济效益可能会显得有些隐蔽,虽然肯定会有很多人愿意为一套附带宽敞花园的住宅付出更多的金钱,而不去选择一个没有花园的类似房产。

因此,在不同的家庭城市开放空间里总能找到一些本书第一部分所概括的效益和机会,尤其是社会、健康和环境效益。关于那些很容易在这些空间中发现的人,往往可以预料到他们主要由家庭成员、朋友和亲近的邻居构成——当然也许偶尔也会邀请一些比较生分的其他人。因此,在家庭城市开放空间,使用者们之间一般会具备很高的熟悉度。一57 个使用者可能会知道所有使用者的长相和名字,并且已经认识了他们有相当长的一段时间,有时甚至是好多年。

住 宅

在人的一生中,我们的家可能是我们居住的时间最长的地方,而且肯定也是很多人最爱的地方。有些人的家就位于一个绿色空间网络当中,所以他们在居家期间可以很容易地体验这些绿色空间——从孩童时

图5.1 伯恩维尔村的绿地

期到少年时代,从成年之后到垂垂老矣。但是,并不是每一个人都足够幸运,能够居住在绿色空间的周边或者里头。

整个20世纪,将开放空间与居住区域融合都是人们关注的重点,以及一个需要认真考虑的标准。建造于19世纪末的日光港和伯恩维尔的工业村,成了田园城市运动的先驱案例,它们清晰地在一系列开放空间体系中融合了各种静态或动态的消遣和游憩活动的机会。此类开放空间也被认为提高了工厂雇员的生活品质。这一时期,城市有着住房短缺和恶劣的物理环境等问题,而提出了田园城市概念的霍华德很清楚农村有着宽广的田地和新鲜的空气,只不过没有足够的就业和社交机会(Hall and Ward, 1998)。将农村和城市的益处结合到一起,成了建设田园城市的目标。这一开发模式的中心应该是一个被公共建筑包围的公共花园,身处那些建筑之中时还可以眺望到更大的中央公园。田园城市协会发起的第一个田园城市计划位于莱奇沃思,该项目最终完成于第二次世界大战结束之后。随后,田园城市协会发展成为田园城市及城镇规划协会,这使得他们的关注点变得多样化了,包括发展田园郊区、田园村庄以及田园城市。阿贝克隆比主持了伦敦及其他城市设计了一项扩张计划,包括融合新城并将城镇扩张到环城绿化带范围之外。这个方案受到了田园城市及城镇规划协会的批评,也就是现在的城镇与乡村规划协会,他们反对那些现代主义建筑师所推崇的高层建筑和高密度的发展方式(Hall and Ward, 1998)。田园城市被"重新打上了"新城的标签(Hall and Ward, 1998),而英国通过 1946 年的《新城法案》引导了两次新城的发展;斯蒂夫尼奇是二十八个新城当中的第一个。这些新城在人口规模和地理条件方面各不相同,但都遵循了可持续原则进行建造,使得就业和服务都很便捷。这里想再次强调一下,开放空间网络为居住在新城中的不同居民群体的生活质量做出了十分重要的贡献。

与我们的住所相关联的开放空间往往是如下几个类型中的一个,包括花园、社区花园、庭院、公共开放空间和游乐场。这可以通过纽曼的防御空间理论所讨论的空间的层级关系进行理解,即增加监视的机会能提高空间的层级(Newman, 1972)。这些开放空间的层级被描述为公共的、半公共的、半私密的以及私密的,而且这项研究暗示了物质空间的设计对发生犯罪的可能性具有一定影响。

英格兰西北部的沃灵顿新城,该项目的开发目的之一,就是通过一个整体的景观框架设计来为城市提供住宅和工业用地,这样一来,人们可以在日常生活中很容易地体验到自然。野花、灌木丛以及树林,都为这种体验提供了机会(Nicholson-Lord, 1987)。

在新建住宅的设计过程中,建筑的排布以及它们与开放空间之间的

图5.2　被绿色的外部环境所主导的住宅区

关系需要进行细致的考虑。伊斯坦布尔的一项研究,调查了建筑形式以及与开放空间的关系各不相同的三个居住区的使用功能、满意程度,以及规划布局和设计特点造成的环境意识和影响 (Ozsoy et al., 1996)。该研究通过问卷调查收集了多种人群的信息,包括开放空间的使用者、开放空间周围房屋的住户,以及房屋的管理人员。研究发现,使用开放空间的原因多种多样,这里既可以进行激烈的体育运动,也可以作为安静的休息场所。一些人使用开放空间与人会面,而有些人选择在这里带孩子。开放空间更多地被人们在夜间使用,这可能是因为气候问题,以及被调查者的工作情况。开放空间的使用频率很高,四分之一到三分之二的人每天都会使用,甚至有时一天三次,几乎每个人都承认他们有时会使用开放空间。其中两个居住区通过提供体育运动、玩耍场地和花园等功能促进了社交互动,而第三个居住区则通过灵活地设计了一个与停车场和体育场地分离的绿色庭院,为孩子们提供了一块安全的玩耍场地。这项研究总结出,使用者的满意程度可以通过提供下述内容得到最大化:

- 不同的活动领域,即提供多类型的空间
- 创造不同私密程度的空间

图5.3　住宅区的公共聚会

- 设计布局时考虑到了人体舒适度
- 通过社区管理组织来控制维护这些空间

当代社会面临着如何提供政府所要求的四百一十万套住房的问题。当我们朝着有关开放空间的宏大的建设计划前进的时候，这个问题显得特别重要。我并不是要在这里对城市住宅建筑密度进行深入讨论，而是想要指出，保证住宅密度的同时也需要意识到开放空间对于人们日常生活的重要作用。此外，如此大规模的住宅设计和建设势必将对各种各样的社会问题产生影响，而这也不应该被忽略。使用那些未得到充分利用的土地或者棕地来建设城市住宅应当受到欢迎，尤其当这些场地上生长出来的那些原生植物可以被保留下来作为绿色空间的一部分时，但是这并不应该以损害城市地区的开放空间所提供的各种各样的效益和机会作为代价。许多人都建议提高住宅区的密度，在一定程度上，这对于城市地区的社区建构也许是一件好事，但是正如我们在本书第一部分中所看到的那样，一个城市开放空间也应该有益于培养居民的主人翁意识和社群意识。

提高建筑密度对于开放空间意味着什么呢？是否就意味着没有花园，没有自然的绿色空间，没有广场和公园？人们并不希望回到20世

60年代的那些只有草地和树木的高楼里去，很多此类住宅开发项目，例如谢菲尔德的帕克山公寓和开尔文公寓以及曼彻斯特的赫尔姆公寓都已被拆除和重建。但是，在居住区域提供开放空间，通过那些在本书的第一部分概述的各种效益和机会，能够提高人们的生活品质。一个与此相关的重要元素，就是住宅项目中开放空间的设计和管理质量。平淡乏味的开放空间并不是人们所需要的，也不能带来良好的生活品质，然而那些精心规划、设计、建造和维护的开放空间，在适当的社区参与配合下，将会有效提高人们的生活品质。

59

私家花园

对于那些拥有私家花园的人来说，这通常是他们人生第一次体验开放空间。对于孩子而言，这是非常重要的地方，不论是一个人还是一群人玩耍，这种美好的回忆直到成年之后也仍然会记忆犹新。而在成年之后，私家花园又会发挥另外的作用——放松、园艺、游戏以及静态消遣活动。

从最早的文明开始，花园便是人类生活环境中的重要组成部分，为人们提供了动态和静态的休闲活动机会（Parsons et al., 1994）。在英国，园艺是一项十分流行的活动，关于园艺还有过这么一种说法，即英国是"一个充满园艺师的国家"。数据显示，英国有85%的家庭都拥有花园，而且人们平均每周会花费6—7个小时来照看花园（Hoyles, 1994）。在过去10年间，各种园艺杂志的读者人数显著增加。《园艺师的世界》是BBC旗下的园艺杂志，拥有约55%的市场占有率，每月的发行量已超过37万。电视频道里关于花园和园艺的节目在最近几年的爆炸式发展，也反映了花园对于许多人的日常生活正变得日趋重要。有一档非常受欢迎的电视节目叫作《地面造园》，节目中人们要在3天之内建造完毕他们的花园，这档节目已经吸引了超过900万的观众，获得了超过33%的电视收视率（Warren, 2000）。不过，也有人担心，这种"速战速决"的电视节目在长久看来对园艺并没有特别大的帮助，因为节目并没有认真细致地把园艺过程剪辑进去。蒂姆·斯密特是康沃尔郡的伊甸园项目的发起人,他声称:"园艺并没有被看作一个重要的行业,《地面造园》这个节目给人们展示了一些有用的东西,但是通过了一种错误的方式——它的速度太快,而且没有考虑过季节。"这个意见也受到了节目执行导演的反对,他认为此节目"鼓励了更多的人去关注园艺……我们正在推进人们的积极参与,而不是相反"(Milmo, 2001)。

私家花园里可以进行的活动多种多样——私密的或者社交的都可以。孩子们的聚会、烧烤和社区活动都是常见的私家花园活动。此外,能够有机会照料属于自己的一小片土地也深受各种各样年纪的人群所喜爱,不仅是那些直接的显而易见的群体,例如住宅的业主,还包括医院的病人、残疾人以及其他一些群体。详细的研究已经发现,花园可以通过一系列的方式来让人感到满足,例如安宁和平静、大自然的魅力、实际可感知的效益、新奇性、"在我的控制下"、分享知识、干净利落(Kaplan and Kaplan, 1989)。私家花园还能够带来其他的益处,包括接触自然的机会,不论是对成人还是儿童都是如此(Francis, 1995)。对于孩子来说,这些机会可以帮助他们培养"看待自然和建筑世界的意识"(Francis, 1995)。这些意识和记忆会被带入成年之后的生活,并对成年人意识的培养产生影响。

一个更大型的研究揭示了花园对于普通人的使用、效益和意义方面更为详细的理解,该研究选取了谢菲尔德市的376位居民作为调查样本(Dunnett and Qasim, 2000)。回收的调查问卷显示了人们每周花费在花园上的时间。在一定程度上,该研究成果反驳了早先霍伊尔斯(1994)得出的数据,即每人平均每周花费在花园上的时间为6—7个小时。这个在谢菲尔德开展的时间更新、调查规模更大的随机样本调查显示,在花园里花费的时间很大程度上取决于年龄因素。35岁以下的成年人每周只在花园中花费最多1个小时,而35—45岁的成年人会花费2—4个小时,年龄超过55岁的老年人通常每周会花费5个小时在花园上。有人可能会认为,老年人会选择花费更多的时间在花园上,是因为他们在时间方面没有太多限制,他们没有幼小的孩子需要照顾,也没有固定的上班时

间需要遵守。花园通过不同方式提供的享受也被发现与年龄相关,创意 60
和个性表达更受35—54岁人群的喜爱,而超过55岁的受访者更中意新
鲜的空气和运动锻炼。那些45—54岁的人最喜欢的是接近大自然所获
得的益处,而超过65岁的老年人比其他年龄群体的人更多地将园艺列
为他们最佳的闲暇嗜好。这项研究明确地指出,个人的满足和放松,即
便是进行园艺活动,而不仅仅是待在花园中,在日常生活中也十分重要。
花园提供的许多机会都得到了讨论,包括创造性表达、健康和恢复、与大
自然接触、生产水果和蔬菜等。此外,对一些人而言,见面的机会、与邻
居交谈等也被认为是一种重要的益处(Dunnett and Qasim,2000)。

在20世纪70年代和80年代,莱斯特的一个花园的案例,记录了花
园作为野生生物栖息地提供的机会。在数年的时间里,花园的主人,
一位生态学家,记录了大量的飞蛾、毒菌、黄蜂、食蚜蝇和蝴蝶。这个
种植了食物和花卉的花园,并没有进行纯粹的单一栽培,而是提供了一
个不断变化的、多样的生态环境(Nicholson-Lord,1987)。自20世纪70
年代以来,野生动物花园已经变得非常流行,而英国环保志愿者基金
会在1985年的切尔西花卉展上也建造了一座这样的花园(Nicholson-
Lord,1987)。此类花园可能不仅包括生态种植,而且还包括养鸟或蝙
蝠的箱子,养青蛙和蝾螈的池塘,以及刺猬、蟾蜍、蜘蛛和蘑菇生长的
树林。

花园对儿童十分重要,特别是当我们正在寻找如何能最好地使用我
们国家的土地来建设所需的四百一十万套住宅的时候。在讨论如何
在城市里设置高密度居住空间的同时,也需要考虑花园对儿童的益处。
有些人认为,园艺是教育儿童关于大自然的知识的最好方法,但需要注
意的是,关于园艺的体验不仅仅是愉快和悠闲,同时也是辛勤的工作,有
时还会令人沮丧(Wolschke-Bulmahn and Groning,1994),这也许就是生
命本身的一种体现。有些人担心孩子会花费越来越多的时间在虚拟活
动上面,例如看电视和玩电脑游戏,最终在生活中失去与自然世界的联
系(Moore,1995)。旧金山的一所学校提供了让儿童体验园艺的机会,
并以此作为一个更大的再生设计过程的一部分。大片的沥青场地被转

化成为一个热闹的开展教育活动的地方。最初捐赠的种子和表层土被装在容器中用来培育小苗，那些容器包括牛奶和酸奶的纸箱，直到它们足够大了之后才将其移栽到外面。封闭的环境可以保护这些种植区域不受那些球类运动伤害，而堆肥等活动也在一段时间里与大学的学生有了联系，这也是这个教育过程的另一阶段。这个开展于20世纪70年代和80年代的项目引发了关于如何提供范围广泛的教育机会的讨论。相关议题包括种植花卉和蔬菜、生物调查、数学调查、关于"害虫"的讨论和防治、对场地外地点的参观（例如大学的实验园），以及食品的购买和种植的准备工作。所有的这些都为年轻人提供了一个可持续讨论的议题，而这种园艺体验也许还会影响到他们成年之后的生活（Wolschke-Bulmahn and Groning, 1994）。

甚至通过儿童漫画传播园艺也被认为是一种有益的途径，因为其使用了儿童更容易理解的语言和图像（Wolschke-Bulmahn and Groning, 1994）。这些漫画涵盖了各种各样的生活体验，包括体育、艺术、科技、休闲、园艺，而园艺方面的内容被描绘成了人类与植物和花园之间的互动交流活动。许多相关主题，例如灌木修剪、草坪养护、生态和生物动力学园艺，以及日本庭园，也出现在了诸如英国著名儿童漫画杂志《比诺》、德国经典儿童系列漫画《费克斯和福克西》以及迪士尼出品的《唐老鸭》等作品中。这些漫画作品可以成为提高园艺和环境意识，以及提供相应教育机会的辅助手段。

61　　关于私家花园的重要性，还有一个简单，但也最为重要的案例，即兰开斯特的一幢乔治王时代艺术风格的别墅的改造计划（Wilson, 1997）。案例的主角是一位教师，他与一位同事和三个有特殊需要的学生一同完成了该项目。这个工作小组与其他的志愿者一起开始了他们的工作，在任务快要结束的时候，那些刚开始时看上去还非常腼腆害羞的学生都已经和志愿者混得非常熟悉了，这得益于该项目需要通过共同协作才能顺利完成，比如改造花园时的那些需要人工操作的部分。时而欢乐，时而争论，这个项目为年轻人提供了机会，让他们可以在困难面前互相交流，得到充分的个人发展。

图5.4 卡尔佩波社区花园,伊斯灵顿

社区花园

社区花园也应在此详述。它们可能会对人们的童年生活十分重要,但也许在成年之后会更加重要。特别是对于社群意识的培养,社区花园有着十分突出的意义。

社区花园已成为美国许多城市地区的常见景观。在纽约的下东区有超过七十五个社区花园(Schmelzkopf, 1995)。大多数社区花园都拥有蔬菜和花卉,它们为家庭作物生产和城市观赏提供了机会。仅 62有少数社区花园只有鲜花,一年四季在外观上看起来就如同公园一样,但这也降低了土壤污染的风险。大部分场地都是曾经的住宅区,在20世纪70年代因为纽约削减公共资金而被拆毁。在这些地方一共具有四种类型的社区花园:主要由妇女经营的家庭向花园,主要由男性经营的小屋型花园,由不同种族背景的园艺师管理维护的大型花园,以及一小部分由学校经营的花园。城市中居住在这些区域的大多数居民都是穷人，而且有近三分之一的人口生活在贫困线以下。对于这些人而言，社区花园提供了机会，让他们暂时地从自己的物质生活限制中逃离出来，离开他们的贫困生活，离开他们那狭窄的小屋。这些花园的主要效益在于粮食的种植，它们生产的粮食大约价值一百万美元，并且还可以产生一个安全的户外场所。妇女和女孩们尤其感受到了安全的户外空间带来的愉悦，她们当中的许多人都"因为资金匮乏、街道上的危险以及对孩子的责任而不能随意出行"（Schmelzkopf, 1995）。照看孩子、进行家务劳动、种植食物的机会被这些妇女视作益处。另一方面，男性可以享受放松的生活，他们中的一些人重新找到了类似于家乡波多黎各的生活方式，找到了一些机会不需要去"理会其他的任何人"（Schmelzkopf, 1995）。参与社区花园活动的居民能获得的一个最重要的益处就是对他们社区意识的培养和发展。

受到美国的社区花园运动的启发，英国的一些社会团体决定在他们的社区废弃场地开发社区花园。这些花园由当地社区管理，用于生产食物；有别于城市农场的是它们没有动物。截至20世纪末，据估计，在英国共有超过五百二十个社区花园，最小的一个只有十几平方米（http://www.cityfarm.org.uk/；最后访问于2002年4月19日）。社区花园的效益主要围绕经济和社会议题，包括食物生产和社区参与，在英国和美国都是如此，也许这反映了早先的农业生活方式，但可能也指出了未来城市生活的更加可持续的途径。

还值得一提的是，对某些人来说，社区花园可能会被理解为公社花园——这是与少数居民共同分享的一种半私密空间。这样的空间可能会作为一个全面管理计划的一部分而存在，由管理员或者居住在其中的某个人负责。这类空间和那些传统园林一样提供了一些益处，或许一个可谓最明显的因素是，它们提供了充分的机会来会见居住在其他地方的人。这样的公社花园有时适合于老年居民群体，或者年轻的专业人士。如果由许多家庭一起共享这些空间的话，那么孩子们就可以自动地获得每天一起玩耍的朋友。

配额地

对于一些人来说，配额地是对于花园的一种替代，而对其他人来说，配额地是对花园的补充。当下对于配额地的使用多半是种植水果和蔬菜，但也有一些人用这些空间来种花。在国家对于土地利用的要求、法律和个人选择的变化的影响下，多年以来对于配额地的使用方式已各有不同。

地图和记录都显示，至少自1731年起，英格兰的伯明翰市就存在了配额地（Thorpe et al., 1976）。这类土地通常由当地有名望的家庭所拥有，租金往往多达一畿尼，因此得到了"畿尼花园"的名号，此名号比配额地更加流行。畿尼花园为那些居住在附近的中产阶级市民提供了生产兼具观赏和食用功能的农作物的机会。伯明翰的配额地的历史，正如索普等所记录的那样，可以很好地反映英国各地的配额地的情况。畿尼花园发展的高峰期在19世纪20年代和30年代之间，当时该花园被视为一种理想模型而受到追捧，此后一段时期，城市扩张带来了大量的相关开发，导致许多私人土地被抛售。许多刚刚从农村进入城市的居民只能赚取低廉的工资，而城市的配额地给他们提供了机会补充水果和蔬菜。在1887年和1890年颁布的《配额地法案》以及1894年的《地方政府法案》之前，对于配额地并没有相关的法定要求。然而，这些法规设置了一个"出局"条款，阐明了当政府确信配额地不可以通过私人契约得到合理提供之时，配额地才是强制性的。因此，私人土地所有者在19世纪的剩余时间里，继续提供了大量的配额地。由地方政府供给的配额地于1907年和1908年的《少量财产与配额地法案》颁布后才开始发展，但是私人土地所有者的供给仍然继续主导了分布格局。例如，在1913年的伯明翰，城市范围内共有177处配额地，总占地约296公顷，而其中的173公顷由地方政府所有。

在英国，配额地的数量从1913年的50万急剧上升到了第一次世界大战末期的150万。1916年颁布的《保卫王国法案》授权地方政府保护尽可能多的可供耕作的土地,这部分是为了备战需要。在伯明翰和英格兰的其他地方,成百上千公顷的土地发生了转化,而一块地的大小也从418平方米减少至215平方米,后者成了今天最被普遍使用的尺寸(Thorpe et al., 1976)。而战争结束后释放土地进行城市再开发的压力与那些想要继续租佃土地进行经济生产的人们的需求发生了冲突。1922年颁布的《配额地法案》反映出了这一分歧,并试图为土地所有者提供更好的条件。在两次世界大战之间的那段时间里,一些临时的、战争时期的配额地保留了下来,但是也有一些已经开发成了现代的住宅项目。而1925年颁布的《配额地法案》,要求城镇规划方案中应当包含配额地,并在地方政府投资的永久不动产系统内建立了法定的配额地。

第一次世界大战期间,配额地在数量上于1918年达到巅峰,而后的第二次世界大战时期也出现了一个类似的增长。让我再一次用伯明翰的数据作为例子:在第二次世界大战爆发的时候,市议会控制了11 716块地,并在1944年达到了峰值20 417(Thorpe et al., 1976),而全国的数据则达到了150多万(Hoyles, 1994)。和平的回归和相对的繁荣导致了配额地的减少,同时又有许多的土地被用于住房建设和其他重建项目。直到1949年,伯明翰拥有的18 000个法定土地中有三分之一已经失去了耕种功能,且另外的三分之二只有部分得到耕种。1950年的《配额地法案》,也是政府组织的配额地协商委员会的审议结果,发现了配额地普及率下降的一些原因,例如使用权的保障和补偿受到了干扰等。到了1965年,当时英国的配额地有五分之一被空置,政府建立了配额地调查小组,他们重新评估了配额地的现状,并给出了一些他们认为有必要的立法及相关改变的建议。此次调查的结果形成了索普的报告(1969),其中包括一系列关于立法、行政事项、设计和规划议题的建议,不仅涉及地方和国家政府的角色,还涉及国家配额地和花园协会。该报告还发现了配额地的使用者们通常利用这些设施来进行娱乐消遣,而不是作为一个谋求经济利益的工具。作为此项报告的一个成果,国内的某些地方开始试图创建一些游憩花园。这些地方经过升级改造和重新设计,新建了厕所、自来水、仓储、停车场、安全围栏和大门等设施。

64

　　配额地有利于粮食和花卉的生产以及娱乐休闲，但是也有研究发现配额地对于城市环境中的野生动物栖息地来说，在事实上几乎没有产生任何重要作用（Elkin et al.，1991）。

　　配额地的未来成了环境、交通和区域事务委员会1998年的研究报告的主题，该报告给出了一系列关于相关法规、政策和实践方面的建议。政府对此报告在某些方面做出了支持的回应，但同时也承认就目前的日程计划来看，不能对立法相关的改变有过高的预期。政府的回应确认了配额地的重要性体现在许多方面，不仅可以生产水果、花卉和蔬菜，同时也能在社会方面做出积极的贡献，因为"配额地往往可以构成健康邻里社区的一个重要组成部分"（Government's Response，1998）。　　65

第六章　邻里城市开放空间

导　论

　　邻里城市开放空间是指那些属于邻里社区的开放空间,这主要体现在两个方面。首先,它们在物理空间上更加远离家庭,除了在极少数情况下会比家庭城市开放空间更近。这意味着,一个人使用邻里城市开放空间的时候会需要做一个非常特殊的决定。这可能与一些家庭城市开放空间并不相同,因为它们往往可以被看作家庭的延伸。使用任何一个特定的邻里城市开放空间的决定,都需要经过某种形式的一段路途——可能仅仅是两百码或者是更远的距离。在一些社区,这样的路途可能会,或者说应当会,由步行完成,走路到公园或者学校就是一个很好的例子。不幸的是很多这样的路途都是开车完成的,有一些人选择了自行车,而另一些人不得已选择了公共交通。一般来说,前往邻里城市开放空间的距离是一个比较有限的长度,虽然确实有一些人会走出自己居住的邻里社区,到其他的社区中去使用那里的、类似的公共服务设施和开放空间。通往邻里城市开放空间的路途和可达性引发了对于成本和安全问题的考虑,这不仅对于居民自己而且对于他们的孩子也相当重要。

　　其次,第二个方面与物理空间无关,而是关系到社会环境。人们在邻里城市开放空间遇到的人很有可能就是那些居住和工作在这附近的人。这可能包含了不同的人际网络,包括邻舍、同事、家长、看护人、幼儿园或者学校的员工,以及人们在其他生活活动中会遇到的人,如俱乐部、社团组织以及宗教和文化团体组织等场合。

那些被认为属于邻里城市开放空间的类型包括公园、游乐场、运动场、操场、街道、城市农场等。公园也被认为是最民主的城市开放空间，因为它们可以被所有人使用——理论上确实是这样。有时候咿呀学语的婴儿也会被带去呼吸新鲜空气，而孩子也十分喜欢在这里能得到的玩耍的机会——不论是对正式的游乐设施，还是他们充满想象力的对那些非正式的游乐设施的使用。遛狗、慢跑，以及同朋友家人聚会通常是每天都会发生在公园里的活动——正如后续内容将会详述的那般。游乐场（尽管在许多情形下它们并不那么的完美）往往在孩子们还很小的时候就开始成为他们的至爱。游乐场通常位于公园之内，但也可能独立于公园之外。操场也可能设置在公园里边，虽然许多中学也有这些设施。这类空间会在特定的时间被用于各类特定的运动，如足球、曲棍球或者板球。但这类空间比较独特的地方在于，当它们并没有被用于某个特定的活动之时，它们往往不能被其他人使用。学校操场便是在特定时间才能使用的空间——只有开学期间的学校下课之后的活动时间和午饭时间等。对此类空间的双重使用已经探讨了很多年，但是在许多社区都并没有完全实现。社区街道是这样一种空间，人们通往其他场所的时候会经过它，同时也是邻居和朋友们徘徊消磨时光的地方，但是此类活动会取决于个别街道的设计和管理状况。在一个城市区域中出现的城市农场数量不大可能会超过一个，而且一些人可能会把这样的设施看作一个公共城市开放空间，但是，我认为，通过关于城市农产的定义我们可以知道，它应当被视作一种邻里城市开放空间。城市农场往往会发源于社区中的一块特殊的土地。"附属"型城市开放空间可能经受过专门的规划和设计，但也可能仅仅只是碰巧。它们可能被设计成一个小型的游戏区或休息区，也许会距离商店较近，或者它们可能是一个被某个特定群组的使用者已经"宣称"拥有的土地。

　　本书第一部分论述的各种效益，很多儿童玩耍、动态消遣的机会都可以在邻里城市开放空间中找到，或许是公园、游乐场、运动场或者学校操场。此外，这类空间（也许尤其是公园）为社区提供了文化活动的焦点。邻里城市公园中的教育机会也十分丰富，特别是公园、学校操场和

66

城市农场。强身健体的机会也能在邻里城市开放空间中找到，不论是正式还是非正式的，例如足球、曲棍球、网球、慢跑和散步等。自然的恢复作用以及由此产生的心理健康效用也可以在城市农场和一些特殊的公园中找到，大量的证据表明人们喜欢去公园寻找安宁和平静，或者远离家庭琐事、烦心噪声以及日常生活中的压力。邻里城市开放空间对一个城市区域在环境效益方面的贡献是不可估量的——尤其当这个邻里城市开放空间跨越了整个城镇的时候。不同的空间产生的环境效益并不会彼此隔离——它们会一同改善城市气候和环境，正如第三章所讨论的那样。此外，对于提供野生动物栖息地的机会，邻里城市开放空间可能会比家庭城市开放空间更多。许多邻里城市开放空间都拥有大量绿色植物和不同层次的植被，而且相互之间足够接近，使得那些物种能够很容易地从一个空间迁移到另一个空间。在考虑邻里城市开放空间的经济效益时，第四章中讨论到的对于房产价值的影响并没有得到体现，但是在公园、游乐场、运动场、学校操场和城市农场中确实存在着丰富的就业机会。生产粮食带来的经济效益可能在城市农场和学校操场中较为明显。旅游业并不会成为邻里城市开放空间的重要关联因素，尽管一些公园可能会为了扩大它们在当地的影响而进行旅游相关的宣传。

但是，可以看出，邻里城市开放空间比家庭城市开放空间所能带来的效益和机会更多。这包括了社会、健康、环境和经济等方面的效益和机会。此外，人们能够偶遇的人也会更多，可以从仅限熟人交往走向更广阔的社会交往。在邻里城市开放空间中，一个人可能不仅会遇到他的家人、朋友、邻居或者客人，还会遇到那些不太熟络的人和普通的使用者——可能见过面但叫不上名字——例如经常遇到的遛狗的人、其他孩子的家长或者看护者等。

公　园

公园可能会在人们很小的时候就被他们体验过——主要是作为游乐场供孩子们玩耍。但是公园也会在人生的不同时期得到使用，也许儿

图6.1 一家人正在享受当地的公园

童时期对公园的使用会鼓励他们在成年之后继续使用。

　　为了回应人们对英国正在发生的快速而无规划的城市扩张的越来越高的忧虑和关切，一个关于公共空间的特别委员会于1833年成功组建，以处理不健康和缺乏道德准则的问题（Taylor，1994）。想要处理这些问题的原因包括，渴望获得"最大多数人的最大幸福"，以及害怕"野蛮行为"造成的威胁，这种行为被认为是那些未受过教育的新城市工人阶级所固有的。此特别委员会于1840年颁布了审议结果，并建议城市应当提供由公众所共享的公园，而此项建议最初由劳登于1804年提出（Nicholson-Lord，1987）。1848年，《公共卫生法案》授权地方卫生部门提供、维护和改善城市公园的土地。该法案也授权地方政府可以积极地处理来自其他所有者的土地（Barber，1994）。健康与公园的联系几乎已经被人们遗忘了一个多世纪，但是，正如我们在第二章中所讨论的那样，这种联系在全国范围内的某些地区已经重新得到了重视，例如，一些地区已经在开展有组织的健康步行等活动。历史上，城市公园的起源有许多原因。在爱丁堡，公园里的消遣活动被认为是减缓醉酒的方法；而在

67

图6.2　人们在遛狗

麦克尔斯菲尔德，犯罪率和死亡率的下降被归因于公园的存在（Hoyles，1994）。在利物浦，1840年的市民平均预期寿命仅为32岁，当时这个城市正如许多其他正在扩张的工业城市一样，大部分的土地都是密集开发的住宅，除了酒吧和酒馆几乎没有什么其他的空间可以提供放松的机会。

伦敦的第一个市民公园是维多利亚公园，在它开放后不久的某个6月的周日下午，参观人数据估计已经达到了11.8万人之多。另据记载，某日早晨8点之前，就有2.5万人前往露天湖泊游泳。如此庞大的游客数量让政府当局不得不出台相关规定，以限制那些会接触到草地的玩耍活动；安装了围栏，以控制人流进入和使用；还设立了公园警察，以管理规模庞大的来访人群（Nicholson-Lord，1987）。伦敦以外的第一个市民公园是德比植物园，其目标在于"让德比的人有机会学习植物学并享受公园的纯净空气，以取代那些低级的追求和残忍的欢愉，例如酗酒和斗鸡"（Taylor，1994）。但这个公园被来自德比之外的人利用得很好，特别是在星期天，人们会从60英里以外的地方前来观光，哪怕是乘坐火车的三等座。游客大多来自其他的大都市，例如诺丁汉、谢菲尔德、伯明翰和利兹等。德比植物园之后的，就是1842年建于利物浦的王子公园，1846年建于曼彻斯特的菲利普公园和女王公园，以及1847年建于利物浦的伯肯

68

海德公园，它们很快就成为英国著名的"人民公园"。在其他城市，如布里斯托尔和谢菲尔德，很快也跟风开发了大量的市民公园，一些公园的土地来源于政府的土地征收政策，而其他的则由那些拥有大量土地的私人所提供，例如谢菲尔德市的诺福克公爵和市议员格雷夫斯等。在弗雷德里克·劳·奥姆斯特德于19世纪50年代访问英国期间，伯肯海德公园对他产生了重要的影响，并为他在美国设计的许多城市公园提供了灵感，包括纽约中央公园等（Taylor，1994），而纽约中央公园对经济产生的影响也已经在第四章中得到了讨论。

在20世纪后期，英国的城市公园走向了衰退，原因在于其失去了政治方面的优先性以及"地方政府的萎缩"（Holden，1988）。建设和维护公园的财务成本虽说是地方政府应当承担的责任，但是也不得不和政府需要提供的其他公共服务竞争。国家政府根据标准支出评估给予地方政府的资金中并没有将公园列为强制性元素，因此公园的资金需求要依靠个别的地方政府酌情进行资助。此外，在许多城市中，其他的一些委托项目已经对公园的维护资金产生了不利的影响，这进而导致了人们认为公园并不重要。

有人认为，在19世纪，城市公园是一个能在城市中体验乡村环境的机会。不同于某些人所认为的乡村应有的特征是荒野和蓬乱，这种体验是通过一种温和而整洁的形式提供的，例如修剪过的草坪和美丽的花卉，对于一些人来说，这可谓市民公园运动的一个悲哀的终点（Nicholson-Lord，1987）。其他一些人并不认为这标志着市民公园的终点，而是预示着一种新的开发趋势，这种新的类型会伴随我们进入21世纪。

后来的研究清楚地表明，公园对于当代社会十分重要：它们可能是城市环境中最为常用且最具知名度的开放空间。在伦敦，对公园使用者采访发现，公园是向所有类型的人都开放的场所（Harrison and Burgess，1989）。人们清晰地指出，各种各样静态活动的开展对社区中的不同群体十分重要。

对于城市公园再生的关切，包括多样化的需求以满足各种类型的人群，例如儿童、青少年、成年人、退休老人，以及各种文化团体（Turner，1996b）。特纳还讨论了公园如何反映了各种政治、种族、宗教因素，以及当前大众所喜爱的户外休闲活动。根据传通媒体（Comedia）的调查，那些会日常使用公园的人，他们中超过40%的人都会在公园里花费约30分钟的时间。而这些人群回答的使用公园的最主要的原因是，带孩子到公园里玩耍——所以只要这个国家的人还在继续生小孩的话，他们就会需要公园！其他原因也包括散步和遛狗，据记录，每有八个人使用公园，就会有一个人在遛狗（Greenhalgh and Worpole，1995）。

　　城市公园在全球范围内都获得了赞赏。公园，特别是邻里公园，被人们十分珍视，正如新加坡的一个分析了516名公园使用者的研究所揭示的那样（Yuen，1996）。面对面的访谈在研究中得到了应用，而英语并不是受访者的母语，因此他们的回答被翻译成了英文。大约50%的受访者回答说他们使用了邻里公园，当中有60%的使用者表示他们每周至少去公园一次，另外有20%的使用者去公园的频率为每月至少一次。这些使用者中大约有90%的人都是陪孩子一同去邻里公园散步、慢跑、社交，或者只是看着孩子们在游乐场玩耍。这项研究呈现出了关于邻里开放空间的四个重要主题。第一，他们对邻里公园的态度十分清晰。此类回复涉及人们对环境的评价，是好是坏，包含了许多变量指标，例如干净或是污秽，放松或是紧张，开心或是不快等。第二，邻里公园提供的物质环境以及开展众多活动的机会也很受欢迎。第三，调研参与者们一再将"有机会体验大自然"看作他们获得的效益。对于这个方面，有一位参与者给出了一个十分漂亮的回答，他描述了自己是如何喜欢观赏植物和动物，并享受宁静的风景，"人们在那里可以接触到土地并放松自己"，真正做到与场所融为一体。事实上，许多受访者都谈到了"自然元素给予的放松的感觉"，这体现了开放空间促进恢复的理论，不论是精神疲劳还是心理压力，正如本书第二章所讨论的。第四，邻里公园的接近程度和可达性也受到高度青睐，这回应了其他许多人的研究成果（Harrison et al.，1987；Greenhalgh and Worpole，1995），格林哈尔格和沃尔博这样说道："人们需要绿色的开放空间；只要这些空间足够近，他们就会去使用它们。"

最近,由休闲与福利设施管理中心发起,并由城市公园论坛完成的一项研究发现了一些关于城市公园的令人深思的事实。这项研究由交通运输、地方政府和区域部、遗产彩票基金以及英格兰乡村署和英国遗产协会共同资助(Urban Parks Forum,2001)。该研究的目的是明确所有公园的需要,以此帮助地方政府制定决策。为了实现这一目标,研究建立了一个涵盖所有地方政府拥有的公园及开放空间的数据库,当中包含如下信息:

- 每个地方政府所拥有的公园和开放空间的数量、规模、状态及发展趋势
- 地方政府对其公园颁布的政策
- 为公园是否具有地方性或者全国性历史价值进行鉴别
- 每一个历史公园失去的特征和设施的详细清单
- 软硬景观特征状况的评估
- 关于整个公园的详细目录清单,涵盖公园的所有元素
- 公园的游客数量
- 对公园的资金和税收投入

为了得到相应的信息,研究调查了英国的475个地方政府;经过多次打电话给特定的负责人,最终的受访率达到了85%(共405个地方政府)。研究结果显示,在英国共有2.7万个城市公园,占地14.3万公顷,每年花费在公园维护方面的资金达到6.3亿英镑。但是,很显然,在过去的20年里这方面的财政投入已经明显降低,累计削减了13亿英镑。这项研究估计,每年来自社会各界的前往公园和开放空间的游客规模超过15亿人次。只有18%的地方政府认为自己的公园和开放空间处于一个"良好"的状态之下,而69%的政府回复说,他们处在"一般"的状态,还有13%认为他们处于"较差"的状态之中。大约有三分之一的公园和开放空间被认为质量正在提高,还有三分之一比较稳定,而剩下的三分之

图6.3 冬季的活动颇受欢迎

一正在下降。另外一个比较显著的事实是，被认为处在良好状态下的公园和开放空间中有60%质量正在提高，而状态不佳的公园和开放空间中有86%被认为正在下降。因此，从这个研究可以看出，公园和开放空间正在被我们社区内部的大量的人群使用。但同样显而易见的是，这些很明显对城市居民生活十分重要的地方却在最近20年里并没有能带来资本和财政投资方面的相应增长。事实上，英国正在大规模削减这些设施的开支，这说明政治家和资助机构并不像普通市民一样重视公园和开放空间。关于公园状况的未来趋势导致了人们对此的严重关切，尤其是那些被认为处在一个较差的状况之下而且正越来越差的公园（Urban Parks Forum，2001）。

更进一步的证据来源于大量正在享受城市公园的人群，这些人来自某个特殊的城市区域。谢菲尔德是第四大森林城市。在过去的十年中，这个美好的优势已经很少被用作城市营销的工具，尽管谢菲尔德的居民非常珍视他们的城市绿地和森林带来的效益。谢菲尔德市议会组织了针对开放空间游客数量的计算研究 (Sheffield City Council, 2001)。根据市民的回复数据，以及该城市的人口，据估计，谢菲尔德市的公园和森林每年有超过 2 500 万的游客。这个数字不包括儿童或者来自其他地方的游客，不然该数字或许会大幅增加。很有意思的一点是，1999—2000年，原本设定的这些设施所能接纳的游客总数目标仅仅是230万 (Sheffield City Council, 2000)。使用城市公园和森林的庞大数据重新确认了上述研究中发现的全国性特征——城市公园是被大量使用而且深受喜爱的公共设施。

城市公园论坛和谢菲尔德的调查中所显示的数量庞大的使用者群体得到了新的关注，英国副首相办公室 (前身为交通运输、地方政府和区域部) 开展了一个遍布英国的关于城市绿色空间的使用者和非使用者的调查。这项调查发现，在10个案例研究地点，每年前往城市绿色空间的访问量达到了 1.84 亿人次，更不必说这还没算上那些并不主要是绿地的城市空间 (Dunnett et al., 2002)。在大多数的这些地点中，50%—60% 71 的人使用城市绿色空间的频率为每周至少一次，其中许多人的使用频率超过每天一次。这项研究还显示，假设英国的城市人口按照城市白皮书 (Department of the Environment, Transport and the Regions, 2000) 中所显示的那样为 3 780 万，那么城市地区的 3 300 万人每年对城市绿色空间的访问量将超过25亿人次。

下议院的环境交通及区域委员会调查了城镇和乡村公园 (House of Commons, 1999)，并收到了近70个受访者提供的证据，这些证据表达了他们个人或者群体针对城市公园未来发展所提出的经验、问题和建议。该委员会还建议由遗产彩票基金和新机遇基金联合资助相关项目。它还提议建立一个城市公园和绿色空间管理局。城市白皮书 (Department of the Environment, Transport and the Regions, 2000) 并没有证实后一个建议，但是它也指出，政府确实将与城市公园论坛合作开始一个计划，即鉴别关于城市公园维护的优秀实践案例，并向公园的工作人员、专业人员和使用者群体进行推广。城市白皮书的一个实际成果，就是已经有资金来支持城市公园论坛为期三年的运作。另一个成果是成立一个关于城市绿地的咨询委员会或者特别工作组,并委托谢菲尔德大学景观系负责了一个研究课题,名为《提升城市公园游乐区域和绿色空间》(参见Dunnett et al.,2002)。

游乐场

> 游乐场不应该是从邻里社区的其余部分隔离出来的"一个孤岛",而应该是一个让孩子能够去往邻里社区其他地点的地方。(Noschis,1992)

游乐场,我们假设,主要是提供给儿童的,尽管它们并不是按照孩子们的理想进行设计的。但同时也必须承认,游乐场为一些家长和看护者提供了机会可以相遇,甚至谈论一些关于学校、医疗卫生、社会和生活的话题。

有些人认为儿童们只会在游乐场上玩耍,特别是成年人为儿童设计好的那些。但是这种假设会在两个方面受到挑战。首先,儿童可能会被那些为他们设计的玩耍场地排除在外。通常大一点的孩子会被看作"局外人"群体,他们并没有经常使用到那些提供给他们的设施(Matthews,

图6.4 一个传统的游乐场

1994)。其次,被质疑的第二个问题更为根本,那就是孩子并不只会在那些经过特别设计的游乐场玩耍。任何人只要和小孩子有过接触就会知道,孩子们确实会在任何地方玩耍,无论是在游乐场,还是在卧室、花园、大厅,甚至在早餐桌上都能玩得起来。对于儿童来说,玩耍就是体验生活,而且会不断地进行下去。有大量的证据表明,儿童可以创造性地利用各种不同类型的空间——甚至是在那些本来不是设计用来玩耍的地方,孩子们都能够发现可以用来玩耍的机会(参见 Ward, 1978; Hart, 1979; Moore, 1995)。

历史上,游乐场被认为是一种将儿童从危险的城市中隔绝出来的手段。那些没有被限制在游乐场的孩子,拥有更多的经验和机会来培养他们各方面的能力。安全程度足够的街道、房屋前面的空间,以及小区内各种各样的其他类型的空间对于玩耍来说都是无价的。许多学者已经写下了关于"城市就是游乐场"的重要性(Ward, 1978; Abercrombie, 1981; Dreyfuss, 1981),他们认为传统的游乐场没有也不能提供孩子们需要的所有玩耍机会。然而,许多孩子培养各方面能力的机会,至少部分来自游乐场,且往往正是当地公园里面的那种。这样的游乐场经常都由地方政府提供和维护,也正是因为如此,我们现在才需要认真研究游乐场。

传统的游乐场包含各种移动器材,例如旋转平台和秋千;以及固定器材,例如滑梯和攀爬架;还有柏油地面,或在某些情况下是橡胶地面,以减少任何从器材上面跌落所造成的伤害。但是,这些游乐场并没有试图改变环境来提供一些不同的机会,正如第一章所提到的,这对于儿童十分重要(Hart, 1979)。

在18世纪和19世纪,随着城市工业化进程不断提高,农业技术也产生了变化,这导致了英国国内的土地使用压力增大,以及土地使用的专业化,并最终形成了土地利用总体规划概念,将所有的土地区划为特定的用途。这导致了一个结果,那就是儿童过去经常玩耍的许多地方后来就不再具备这一用途了。1859年颁布的《消遣活动场地法案》,第一次在法典上给出了参考,为了儿童能够享受良好的玩耍场地,法案还

72

建议应当在城市区域内预留出可识别的范围用于此类用途。英国第一个安置了专业器材的游乐场于1877年开业，即伯明翰的巴宝莉街游乐场（Heseltine and Holborn, 1987），而美国的第一个游乐场，是一片提供给五至十岁儿童玩耍的沙子园，于1897年在波士顿开设（Oberlander and Nadel, 1978）。在一些地方，例如伦敦，游乐协会在城市公园组织了一些游戏。在曼彻斯特，游乐场在1911年由志愿团体组织开设，后来此项任务由当地政府的公园管理委员会承担。小学操场得到迅速发展的这一事实，体现了玩耍对于儿童来说十分重要的观点已经得到了广泛接受。在第一次世界大战和第二次世界大战之间，公园和消遣活动场所中的儿童游乐场的数量有所提高，虽然它们主要都是一些沉重的固定器材、柏油地面和临时的沙坑（Holme and Massie, 1970）。

1937年颁布的《体育训练及娱乐法案》授权了地方政府和志愿组织提供游乐场和运动场，这也是早期全国运动场协会举办的各种活动的一个结果（Heseltine and Holborn, 1987）。1938年的《街道游乐场法案》的颁布允许了在街头玩耍的可能性；目前交通部正在研究和支持的"车辆禁行住宅区"，可以看作这个设施的现代版本。

可供孩子们玩耍的场地在第二次世界大战之后开始减少；一些用于玩耍的场地曾被炸毁，很久后才得到重建，而街道已经不再被支持作为一种玩耍的场地（Miller, 1972; Bengtsson, 1974）。经过规划之后，其他的空间被保留了下来。自第二次世界大战以来，游乐场在许多地方得到了创建，包括公园、消遣活动场地以及住宅区等。当中的大多数成了拥有固定游乐器材的类型，例如秋千、滑梯、旋转平台和攀爬架，地面则由柏油铺成。同时，游乐场的建设也被认为受到了勒·柯布西耶所设计的马赛公寓的启发。这导致了"建筑设计，主要考虑的只是砖块和混凝土，并没有考虑到气候、文化或者儿童"（Heseltine and Holborn, 1987）。

此类经过正式设计的游乐场包括了移动和固定的游乐器材，经常是在公园中，处于一种自以为非常合理的假设之下，即认为它们必定是儿童最为需要的设施；但是，相应的使用研究和民族志研究观察记录了孩子们一整天的行为后发现，事实并非如此。因此，有些人认为，这样的

图6.5 一个儿童探险游乐场

游乐场对于孩子们的发展来说只有极小的价值（Hughes，1994）。休斯认为，如果游乐场想要拥有一个有意义的未来，那么它的关联性、安全性和安保性应当被优先考虑。关联性与儿童的发展相关，能够培养儿童在精神和身体方面的灵活性，让他们感到刺激、新奇，并包含一些能够让他们渴望再次体验的元素。安全性指游乐场地需要精心设计以及维护，保证没有垃圾、玻璃、狗屎和注射器针头，不幸的是，正如新闻所报道的，这些东西在游乐场上时有发现。安全性还取决于游乐场员工的积极性和平日的培训，以及场所的资金支持状况。安保性与实际伤害和感受到的伤害都有关系，不论是因为人还是狗。对此问题的解决方案可能涉及围栏的安置、照明设施的位置，或者项目开发过程中的社区参与等。

儿童探险游乐场，提供了比上述的许多游乐场更有创意的玩耍的机会。儿童探险游乐场最早由丹麦景观设计师索伦森于1932年提出，并首次于1943年在哥本哈根建成。第一次引导孩子们玩耍的人曾经当过老师，他"认为在游乐场这个地方，孩子们能有机会参与建构性游戏，与外面的世界相关联，在玩耍中自发地学习成长"（Benjamen，1974），并反馈了一些有关儿童发展的研究证据，正如本书第一章所提到的那样。儿童探险游乐场的概念由赫特伍德的艾伦夫人翻译成英文，而英国该类型的第一个案例于1948年在坎伯韦尔建成（Holme and Massie，1970；Benjamen，1974）。在英国的其他地方，例如格里姆斯比、伯明翰、里士满、巴恩斯和兰开斯特以及欧洲其他国家，如瑞士（1955）和西德（1967），也开发了一些儿童探险游乐场（Bengtsson，1974；Lambert，1974）。在这类游乐场里，孩子们被视作拥有至高无上的地位，而不是成年人（Benjamen，1974）。

多年以来，一些地方政府已经建立了一种游乐空间的层级系统，为不同年龄段的儿童提供距离家里不同距离的玩耍场地。在某些情况下，开发商依照此类导则进行的游乐空间开发需要获得法律许可。这个层级系统为蹒跚学步的幼儿设置了离家很近的玩耍场地，上小学的孩子们则要远一些，而中学生就在更远的地方玩耍。青少年往往没有被明确地划入这种层级系统。此类层级系统应该考虑到多方面的问题，而不仅仅是距离，例如道路和交通可能会切断儿童到达游乐场的通道（Hurtwood，1968）。

全国运动场协会也承认儿童到达游乐场地之间的步行距离可能会被许多障碍物阻挡，例如铁道线路、繁忙的道路、运河和一些隔离的区域。它划分了三种不同类型的游乐区。本地游乐区（LAP）是一个儿童玩耍时不受监管的开放空间，距离儿童居住的地方很近。本地器材游乐区（LEAP）也是一个儿童玩耍时不受监管的区域，并为那些年幼的儿童设置了游乐器材。邻里器材游乐区（NEAP）是一个主要面向住宅区的场地。这里既有适合年龄较大的儿童玩耍的游乐器材，也有可供年幼的孩子玩耍的机会（National Playing Fields Association，1992）。

游乐场，不论是传统的还是探险的类型，都在为城市区域的孩子们提供玩耍机会方面扮演了重要的角色。但是同样很清楚的是，游乐场并不是提供玩耍机会的唯一场所——城市环境中的许多不同的空间和场地都能够提供类似的机会。因此最重要的是，那些规划、设计和管理城市环境的人，需要不断保持对于儿童玩耍的重要性的认识，并建立和维护那些提供了丰富的玩耍机会的环境，当然并不只是游乐场；让儿童和青少年更多地参与到游乐活动中去。

运动场和操场

运动场和操场是城市系统中直接提供了最多的动态活动机会的开放空间，并因此提高了人们的身体健康状况，正如本书第一章和第二章　74所讨论的那样。在这样的生活方式下，运动场和每周的定期活动已经成了生活的一部分，这对于我们社区中的一些人来说确实如此——但并不是每一个人。这些设施不仅是指足球场，而且还包括其他运动场，如曲棍球、无板篮球和儿童棒球场。

在英国国王乔治五世的影响下，全国运动场协会成立于1925年，其目标为：

- 保护社会各个阶层当下以及未来对运动场的需求
- 为儿童提供适当的运动场
- 保护那些在日益拥挤的都市和城镇中幸存的开放空间（Heseltine and Holborn，1987）

早在1938年，全国运动场协会已经着手开发一套关于游乐和休闲

图6.6　一个踢球的场地

消遣空间的最低标准。这项建议所提及的每千人6英亩的面积由此被广为传播，并被称为全国运动场协会的6英亩（2.4公顷）标准，且直到今天仍然存在。有人认为，该标准实际上被分为了两个部分：1.6到1.8公顷的户外运动空间，和0.6到0.8公顷的儿童玩耍空间。于1989年开展的一项关于这个标准的研究调查，针对儿童的玩耍空间以及青少年和成年人的使用空间，给出了明确的建议。适合纳入该标准的场地包括私人场地、地方政府所拥有的场地以及教育类场地，这部分场地被认为"可以由公众定期和持续的使用"。此项标准还认为，保护运动场免受商业开发所侵占十分重要（NPFA，1992）。有些人认为，在全国使用相同的一套标准是不够合理的，因为英国的不同地区的人口分布具有较大差异。

运动场的重要性，早在1942年就得到了斯科特委员会的确认（Great Britain, Committee on Land Utilisation in Rural Areas, 1942），相关结论总结道，运动场非常重要，因此"不仅是城市，而且每个村庄都应该拥有足够的运动场，以及一个社交中心"。在总结了"运动场对于社区生活十分重要"的结论之后，他们建议运动场中应该提供能够让板球、足球和其他运动开展的场地，同时还要有一个单独的空间供儿童玩耍。从某种程度上来说，运动场应当在这些地方存在，正是对人们的身体健康表示关切的另一种表达，正如本书第二章所讨论的那样。

运动场，无论是设置在教育类场地还是在其他的地方，对于体育和健康而言都十分重要，但有些人，当然也相当的正确，质疑了它们在整体的城市景观中的作用。在许多城镇和都市中，社区足球队仅仅在周六或周日使用足球场进行比赛。尽管存在这些场合的使用，但是整个英国专门用作体育运动的空间规模已经开始受到质疑，因为这些运动场往往在低效运转，平淡无奇而且没有提供任何生态或者美学方面的益处。另外一个方面是，这些球场也被认为主要是由一小部分的男性市民进行使用，而它们所需要的空间和资金和它们所带来的效益并不能很好地匹配（Greenhalgh and Worpole, 1995）。事实上，据估计，城市公园的使用者中只有6%的人会参与有组织的运动项目，而这些运动设施占用了25%的

图6.7　足球场只能提供有限的休闲和生态功能,维护成本却较高

空间,以及50%的维护预算(Holden et al.,1992)。

　　十分明确的是,体育场地在城市结构中发挥的作用可以在一个更广泛的背景和更开阔的议题中进行考虑,并关系到本书第一部分所讨论的各种效益,以及其他更多的社会效益。对体育场地的再评估可以解答一些问题,例如:

　　● 体育场是否可以用作多种运动而不只是单独一种?

　　● 对体育场的使用是否可以分散到一周当中,而不是集中在一周中的三四个小时?

　　● 是否有必要让女性有更多的机会利用体育场? 如果是这样,那么应该是哪种类型?

　　● 是否有必要让青少年有更多的机会利用体育运动场?

　　● 是否有必要让少数族裔群体有更多的机会使用体育场? 如果是这样,那么应该是哪种类型?

　　● 是否有必要增加适合残疾人使用的场所,并提高那些受外部环境排斥的残疾人对场地的可达性? 如果是这样,应该是何种形式的场所? 如何提高可达性? (参见Woolley,2002)

　　● 有没有什么方法来降低体育场的维护费用?

75

● 是否有可能减少那些与体育场相邻的几乎没有生态价值的场地的面积?

● 学校、机构和社区能否比现在更多地去分享体育场?

其中的一些问题可能看起来似乎有些刺眼,但是如果我们试图为城市社区中的不同成员提供动态和静态的设施,以最大化所有人可以获得的益处,那么这些问题可以帮助我们认真地反思现有的这种只惠及少数人的昂贵的运动场地分配模式。

学校操场

所有人都应该体验过学校的操场,因为每个人都需要上学读书;学校操场对儿童产生的影响不可谓不大,但在生活中却往往被冷落忽略。一个得到精心设计、良好维护的学校操场可以对孩子们的生活产生积极的影响,但如果是一个设计粗糙、维护较差的学校操场,则可能会造成一系列的社会和教育问题。

霍伊尔斯(1994)指出,在19世纪末期,学校花园得到了有效开发,他还发现,各个郡县的议会,如肯特、米德尔塞克斯、北安普敦和萨里都任命了园艺管理者建立学校花园。操场经常被挖掘以建设花园,而园艺也被列入了课程大纲。1909年,曼彻斯特发起了一个儿童花卉协会,旨在组织儿童学习园艺并鼓励他们栽种植物和花卉。该协会在多所学校开设了花卉展览,为相关人士提供咨询建议,并设立了一系列奖项来鼓励参与。儿童花卉展览每年都会在谢菲尔德和伦敦等地区举办。今天,在英国的某些地方,这些活动可能仍然存在,只不过影响范围缩小了一些,而且几乎和学校没有了联系(Hoyles,1994)。

1976年,南约克郡开展了一个试点项目,将自然保护区的概念引入了学校操场。到1980年,谢菲尔德和巴恩斯利的近九十所学校都根据这一主题制作了"绿色场所"和那些由原木和碎石砌成的"野生区域"。1983年,英国环保志愿者基金会的志愿者在五百多个学校里与两万名儿童一起工作。之后，"在景观中学习"项目加入并继续推动了相应活动。该运动的一位早期参与者提醒人们，即便是二十年前的关切，也反映了可供游玩的学校操场短缺的状态 (Denton-Thompson，1989)。正如许多文献所表达的，也如前文所讨论的那样，童年时期的记忆对成年后的人生十分重要；如果在学校的操场有过负面的经历，或许在某些情况下受到了欺负，那么这种情况显然不是一个文明社会应该容许的。从积极的一面来说，幼年时期的管护自然世界（包括野生动物）的经历对于一个人能产生持久而积极的影响。

图6.8　可以玩耍的学校操场

图6.9 可以闲聊或者上课的一个空间

"在景观中学习"这一慈善组织建立于1985年，最初只是一个研究小组，它联合了伯克郡、汉普郡和萨里郡的议会，教育和科学部以及东南部地区乡村委员会。他们有两个主要的目标：研究如何扩大教育的机会以及如何改善学校操场的环境质量（Adams，1989）。他们的早期研究指出了四个特别重要的方面：学校操场的教育用途、设计要素、开发以及管理。多年以来，该慈善组织一直在帮助学校提高操场的质量，让孩子们获得更多的效益。得到良好设计的学校操场带来的价值得到了学者们的确认，在巴特勒（1989）以及汉弗莱斯和罗（1989）的研究中讨论了一些方法，如通过对学校操场的重新设计，为科学和英语等科目的教育体验提供机会。此外，通过让孩子成为创造者和活跃的参与者，他们将在其中获得教育体验，并得到发展和满足情感、审美以及精神需求的机会。

有人认为，学校操场作为一种学习经验受到了低估，很显然，它们可以对学生的态度和行为产生深远的影响。事实上，有学者建议，学校操场应当成为一个剧院、一个花园，以及一个可任由艺术挥洒的画板（Lucas，1995）。卢卡斯和拉塞尔（1997）讨论了关于学校操场和建筑的忧虑，这在苏格兰的邓布兰镇的儿童被害事件，以及伦敦的小学校长菲利普·劳伦斯的被害事件之后尤其受到关注。这些由学校外部的歹徒引发的惨案的确比较罕见。事实上，其他的问题，例如非法侵入、恃强凌弱、盗窃、破坏和纵火,会更为常见。许多的解决方案,例如高大的围墙、阻止进入的标识以及闭路电视系统等,在景观中都是比较负面的元素,并不被认为是最佳的方案。即使存在这些惨痛的事件,"在景观中学习"和其他类似的项目仍然恪守信念,认为学校操场的开发应当关涉整个社会和当地的邻里小区,这能带来一系列的益处:行为得到改善,事故不再频繁,蓄意破坏事件减少。通过类似的参与活动提高主人翁意识,可以对学生的态度和行为产生有益的影响,并显著地造福整个社会。

除了能够为儿童和工作人员提供教育机会,学校操场也能开展一些社区活动。爱丁堡的一个家长研究小组认为"学校操场可以被看作一个焦点,来自各种背景的拥有不同兴趣的人偶遇在一起,只是为了共同的目的,即照看和聚拢他们的孩子"(Kelly,未发表)。在这些地方,家长们愿意参与互动的程度可能会有所差异,因为需要顾及他们当天的其他安排,社会或宗教方面的考虑,以及他们自己设置的参与操场活动的界限。即便是在操场这样的小社群中,也会分离出更小的社群。不同群体的人们会被发现经常使用操场的不同部分。那些"栏杆区域"会被认为是烟民的角落,而养狗人士也会被认为属于另一个子社群。有趣的是,女性被认为会比男性更多地参与操场社群活动。如果你是一个学龄期儿童的家长,那么你就需要好好考虑一下自己属于学校操场上的哪个社群了。

学校可以很明显地提供第一章中所概述的教育方面的效益,而且也提供了玩耍的机会以及第一章中讨论的其他益处,例如动态和静态的消遣活动等。 77

街　道

人们一般从青少年时期开始体验街道,但是体验的质量往往千差万别。如果一条街道有很大的交通流量,那么这种经验将会由车辆主导,而那条街道的意义,就在于尽可能快地通行而已。如果街上的交通流量较小,则可能会对行人更加友好,在某些情况下还可以允许孩子们玩耍。

起初,街道只是让人、动物和货物能够在不同地点之间移动的一种承

图6.10　街道被用作宗教游行

载手段。古罗马文明在欧洲建设的道路是第一个完善的道路层级系统。铺设了路面的道路或街道(它们能够承载更重的负荷)与没有铺设路面的道路和小径遍布全国。随着古罗马入侵英格兰之后的逐渐衰落,以军事为目的的交通运输量开始下降,街道和道路的主要功能也逐渐转向了本地的出行。在撒克逊时代,维护这些道路和相关桥梁的责任,落在了土地所有者的身上。而到了17世纪中叶,英国的道路系统已经处在了一个残破的状态之下。道路层级系统被重新引入,五十八条道路被认定为一级道路,同时它们的维护费用也转由国家财政承担。因此,由地方政府负责地方内部的道路,而高速公路则由国家负责的体系,最终延续至今(Whyatt,1923)。

图6.11　街道被用作市场

收费道路的引入受到了许多人的反对,但这也只是为了让那些对道路设施产生磨损消耗的人支付相应的金钱。从牲畜到机械化运输模式的改变,导致了收费高速路的出现,其意义不仅在于道路的维护,还在于道路品质的提升。约翰·劳登·麦克亚当发明了用于公路和街道的"人造地板",它的载重能力很强,即使是最重的车辆也不会损坏其表面。托马斯·特尔福德也参与了开发,他们将石材分解为不同大小的碎块,再用这些碎块来铺设道路。现代道路就是被这样发明出来的,此外,为了让石头的运输变得更加容易,建设过程中使用了大量的当地石材。汽车的出现导致了灰尘污染等问题,也因而产生了对此进行改良的需求。于是,由柏油和碎石的混合材料铺设的道路出现了;这最终成了在发达国家被普遍使用的道路和街道材料(Whyatt, 1923)。随着20世纪的科技发展,其他的新材料也纷纷问世,特别是各种类型的混凝土、石材和木材,目前都已经被运用到了车行和步行道路的建造中。几个世纪以来,对街道的使用已经发生了巨大的变化,而且在大多数时间里,这些改变已经影响到了用来保护道路的路面材料种类。

据估计,城市地区如今的公共开放空间中有80%都是街道。然而,事实上,街道在城市生活中扮演着许多角色,例如作为指示方向的路线、作为提供服务的地点、作为住宅和商业房屋前的空间,而且往往会成为公

图6.12　降低速度就意味着减少事故

共和私人生活之间的界限,但它依然经常会被专业人士、政治家和决策者们忽视(Institute of Civil Engineers, 2000)。到了20世纪末,车辆带来的交通流量已经远远超过了20世纪初的预测,如今,大多数街道已经成为并将继续由各种车辆所主导。在许多地方,几乎没有人把街道视作一个步行环境,这也进而导致了雅各布斯(1961)所描述的"街道眼"的消失。

　　虽然，人、动物以及货物的交通运输是建设开发街道的初始原因，但多年以来，它们也被用于许多其他类型的活动。在古代，街道扮演了市民公园和花园的角色——充满了社交活动，以及公共和宗教的集会（Mumford，1966）。公众游行、加冕仪式、宗教活动、文化活动和政治示威等都发生在世界各地的街道上，多年以来都是这样而且还会继续下去。忏悔星期二、诺丁山狂欢节、受难之路都是此类街头庆祝活动的典型例子。

　　三十年前进行的调查工作"街道环境的宜居性和品质"得到了广泛好评（Appleyard and Lintell，1972）。这一针对旧金山街道的调研涉及的因素有很多，包括没有噪声、压力和污染，社会交往的水平，领土范围，环保意识以及与交通流量（高、中、低）相关的三个安全级别。该研究表明，所有的这些方面都和交通的强度呈负相关。尽管这是一项小规模的研究，但是依然得到了广泛的好评，包括政府的城市工作小组（1999）也相当认可。该研究的结论是，"高"交通流量的街道会导致压力和回避，一些有孩子的家庭会搬家到别处以避免这种情况。生活在这条街道上的人只有在需要拜访同样住在这条街道上的朋友和熟人的时候才会用到这条街道。那些居住在只有较小流量的街道上的人，会把街道视作自己的领地，在这里有很多朋友和熟人，且对街道环境的详细信息了如指掌。那些生活在具有中等交通流量的街道的人的满意程度介于上述两者之间。由此可以提出三个假设以供今后进行研究。首先，高强度的交通流量更多地与房屋租赁相关而非房屋购买，且有孩子的家庭会较少。其次，高强度的交通流量会导致较少的社会交往，而较低的交通流量会导致"丰富的社会环境和强烈的社区意识"（Appleyard and Lintell，1972）。最后，研究结果暗示，高强度的交通流量与自然环境的回避相关，而低交通流量的街道上的居民会表现出一种"对于自然环境敏锐而感激的意识"（Appleyard and Lintell，1972）。研究中提出的这些假设在某些情况下已经被接受为真理——在许多住宅区使用的尽端路设计，以及目前更多地转向家庭式区域的情形正是这个理论的两个表现，低强度的交通流量会导致社交活动水平的提高，包括儿童的玩耍等（Appleyard and Lintell，1972）。

　　在街道上玩耍的机会已经得到了不同学者的记录。在美国，许多可

79

怜的孩子缺乏进入公园的渠道，甚至是纽约中央公园；出于对它的设计者奥姆斯特德和沃克斯的不满，在19世纪末和20世纪初，孩子们都在街道上玩耍——而这也能看出他们并没有被父母限制。虽然仍被更多地认为主要是因为商业用途，但是在1920年的纽约，确实有六十条街道在某些时段被封闭以让孩子们玩耍（Gaster，1992）。

最近，爱丁堡的一项研究发现，街道上的交通对于社区关系的培养有着抑制作用（Kelly，未发表）。宽敞而繁忙的道路被他们视作一个物理屏障，这限制了社区关系的发展。一些人认为，游乐场社群的形成——在本章得到了简要的讨论——可能是因为成年人的社会交往以及儿童的玩耍不怎使用街道了。

在美国，目前出现了一种趋势，促进街道再生以还给行人（Abrams and Ozdil，2000）。某种程度来说，这已经成为主要街道的再生，以及旨在重振城市闹区的"主要街道"项目的一个重要组成部分。

一个针对街道车流量增长的忧虑所发展出来的研究成果，就是"为人们设计街道"报告（Institute of Civil Engineers，2000）。在讨论了街道之于日常生活的重要性，并精选了一些专业人士对街道的现状和未来的看法之后，报告中给出了相关的建议。首先，十分重要的是阐明道路和街道之间的差别。道路被认为主要用于机动车辆使用，但有时也具有双重目的，而街道被认为是主要供行人使用的。就这个前提而言，作为目前辩论的一个部分以及城市再生行动的一个方面，街道的重要性得到了承认。其次，该报告建议创建一个卓越街道范例（SEM），并以此作为综合处理那些与街道（以及可能和街道具有利益关系的个人和组织）相关的诸多复杂问题的机会。总之，通过提高街道的管理水平，以及赋予社区参与这些改进过程的权力，来实现"为人们设计街道"这一目标（Institute of Civil Engineers，2000）。

81 城市公共空间，是孩子们能够遇到、模仿和学习其他人的地方。公共空间，尤其是与街道相关的空间，可以提供重要的社交机会。传统上，这些空间是举行社区庆祝活动的地方。这提供了归属感和信任感，大有裨益。城市被汽车所主导的现象（伴随着公共空间被忽略，城市中心居民减少），导致许多城市中心在物质和社会两方面都产生了衰退。欧洲的一些城市，已经开展了很多通过改善城市中心的社会、物质和经济水平来扭转这一现状的尝试。其中的大多数，都为儿童与成年人的社会交往提供了机会（Lennard and Lennard, 1992）。

第二个关于英国街道被汽车主导的表现，是车辆禁行住宅区的确立。车辆禁行住宅区是已经在荷兰和德国发展了多年的一个概念，而且在英国，许多团体，例如儿童游乐委员会，也为其呼喊了多年。"一个车辆禁行住宅区可由一条或者一组街道构成，设计它们的主要目的是为了满足行人和自行车的利益，而不是机动车；同时将街道打开，面向社会提供使用。"（Hanson-Kahn, 2000）1999 年，英格兰和威尔士开展了九个试点项目，对城市街道进行了相应的监测，针对的指标包括汽车的流量、车辆的速度、事故数量、停车场的提供和活跃程度，以及行人的流量和活跃程度。2002 年初，三千万英镑被分配到六十一个车辆禁行住宅区项目中，以此作为对许多地方政府和地方交通规划的回应，这体现了车辆禁行住宅区对于当地社区的价值和效益。

城市地区中的很多人都生活在恐惧中，而城市政策应该想办法提高对于城市的信任感（Worpole, 1999）。这种对于信任感的需要，应当尽可能长远地进行考虑，直到可以满足对儿童的关切。有人建议，为了让孩子们觉得他们可以自由地使用街道，他们需要以信任街道、信任同伴、信任父母和信任陌生人的形式对城市产生信任（Woolley et al., 2001）。车辆禁行住宅区可能会是一种能够培养此类信任的方法，通过将街道归还给一种更为社会的体验。

城市农场

城市农场在一些城市地区见到。它们提供了体验农场动物，以及其他自然形式的机会；对儿童是一种教育资源，对成人则是一种社会资源，且都十分重要。

在过去的三十年里，许多城市农场在英国得到了发展。第一个在英

图6.13 城市农场的植物

图6.14 孩子们在参观农场

国发起的是1972年的肯特镇城市农场,它由一个残破废弃的马厩发展而来(Nicholson-Lord,1987)。现在仅仅是伦敦,就有二十多个城市农场。其他的城市,例如卡迪夫、纽卡斯尔和米德尔斯堡等,也不断出现新建的城市农场。谢菲尔德的希丽城市农场有咖啡厅和社区中心、一个香草花园和一个苗圃,而在风车山的布里斯托尔,有农场商店、咖啡馆,以及很多提供给那些在社会中被孤立的人的机会,如参与手工艺品制作和其他活动。在20世纪70年代末和80年代初,全国各地的城市农场数量呈指数增长,但由于土地价值的增加,地方政府变得不愿意将合适的土地用于农场的开发。全国城市农场联合会发起于1980年,当时只有33位成员(Nicholson-Lord,1987)。而全国城市农场联合会(1998)估计,每年都会有一个新的城市农场开张。在英国,现在有大小不等的64个城市农场,从0.1公顷到37公顷。这类农场必须满足所有的动物保护要求,而联合会在许多方面提供支持和建议。

这类方案为比较贫困的地区提供了教育资源、就业以及社交联系。同时也将被废弃的土地恢复到一种被积极使用的状态之中,且比传统的公园具有更低的使用成本,也很少会成为蓄意破坏的目标,因为社区培养的主人翁意识(Hough,1995)。

附属空间和天然的绿色空间

除了正式设计的开放空间可以供公众使用,很重要的一点是,一些"附属"型空间也能为城市中的人们提供一系列的机会,包括儿童的玩耍等。与社区花园的案例相同,正如前文所讨论的,在某些建筑物被拆除之后,这类空间经常会从土地上涌现出来。

当那些公众可以使用的、拥有野生动物的临时场地被开发建设之后,人们常常会怀念它们。社会感受到了损失,是因为此类空间带来的舒适价值,以及来源于这些场地的可分享性的公众价值(Box and Harrison,1993)。这些场所往往包含丰富的野生动植物栖息地和地质特征。"天然的绿色空间"这一术语被用来描述这样的空间:正在等待重建,但是已经"被大量的自发生长的植物和动物所占据"(Box and Harrison,1993)。在缺乏开放空间的地区,这些天然的绿色空间可以促进消遣娱乐活动的开展,并被儿童和成年人所珍视和使用。虽然这些空间受到了个人和社区的重视,但是往往并没有体现在法定的规划系统当

图6.15　附属空间非常重要

中。尽管如此,在英国的一些地区,例如西米德兰兹郡、大伦敦地区、黑乡和布里斯托尔已经制定了一些策略,并承认了自然绿地的重要性和人们存在接近它们的需要。在一些地方,附属空间已经被指定为当地的自然保护区,这可能会作为支持当地社区以及承认这些自然生长的、很重要的空间的价值的途径,而越来越多地发生(Box and Harrison,1993)。

除了这些天然绿地之外,也有一些附属空间是经过设计和管理的。这样的空间可能包括路口连接处的一小片空地,或者一些当地的商店,83 甚至是一个公交车站。当中最小的可能仅仅是一个座位和一棵树。

第七章　公共城市开放空间

导　论

本书第二部分讨论的数量最多的城市开放空间便是第三种类型，公共城市开放空间。这并不一定意味着这个部分具有最多的空间类型，或者说它们具有最重要的地位，被个人和社会看作最有价值的。事实上反倒有可能是家庭和邻里城市开放空间比公共城市开放空间更有价值，但是这并不是本研究试图去回答的问题。这个类型中的开放空间被自然而然地归入了一些单独的分组，包括商业、健康和教育、交通和消遣，所以这一章又被划分为好几个部分，并按照上述顺序来讨论这些空间。

商业城市开放空间，包括商业广场、滨水景观和办公楼广场。商业广场等和办公相关的空间往往与商业存在着很好的联系；而滨水景观并不一定是一个完整的空间，它也可能是一个空间中的一个元素，有些人可能会认为滨水景观应该被包括在健康或消遣类开放空间中，甚至是在邻里开放空间的类别里。当然，不同类型的水体元素可以在任何种类的城市开放空间中存在，但是它们之所以被列入公共商业空间中，是因为它们往往可以在广场和办公区域找到。一些规律显示了人们对于水体景观的喜好，这在第二章中也有所提及；也许会有一些令人惊讶的是，水体元素并没有更多地在其他类型的城市开放空间中出现，没有如同人们对它的喜爱那样多。

医院的庭园和大学的校园似乎已形成了一个单独的分组，虽然庭院和屋顶花园可能是，而且有时确实是与办公空间相关的，但是它们之所以被包含在这里，是因为传统上此类空间就是与这两个主要的建筑类型联系在一起的。当然,有些人会认为,屋顶花园应该被归纳到家庭开放空间的类别中,因为有许多在居住区使用绿色屋顶(不管是哪一种类型)的机会,但是出于本书的编写目的,屋顶花园将会在公共开放空间的健康和教育部分得到讨论。

与城市交通系统相关的城市开放空间很容易受到忽视,甚至被完全忘记。一些空间已经没有用作它们原本的目的,例如一些港口和码头,而交通和河流廊道,例如运河、铁路和道路,仍然主要用作交通网络的一部分,并且最后提及的道路一直在持续地增加流量。

在公共开放空间类别下的最后一种类型是消遣型城市开放空间。关于这一点可能会存在争议,从某种程度上说,所有城市开放空间都具有娱乐消遣功能,因为动态或者静态的消遣活动可能会在任何开放空间中发生,但是从本书的角度来看,公共消遣型城市开放空间是那些对于城市地区有特殊重要性的空间,而不仅仅是对于邻里社区比较重要,而且首要的是,人们的使用就是为了消遣——不论这些空间的创造者的想法是什么。公墓,可能在某种形式下可以被视为一个单独的分类。但它们在本质上就是公共的,在坟墓边经过一段短时间的葬礼之后,这类空间的大多数时间都被用在了情感的释放和排遣上,或者甚至是和一些小孩玩耍;因此,公墓也被纳入了公共消遣型城市开放空间。

公共开放空间与家庭和邻里开放空间的差异是非常明显的,不论是物质性还是社会性都是如此。在物质空间方面,除非某个人正好居住在一个城市的中央商务区,或者,假设是在一个高尔夫球场或者医院的门口,通常公共开放空间与住宅的距离会比家庭和邻里开放空间要远。因此,对于绝大多数的使用者来说,去游览公共开放空间或者与其相连的建筑,需要做一个非常特别的决定。这个决定可能会是作为日常上班路径的一部分,也可能是一个周期性的决定,例如每个学期都要去学校,尽管也许每天只去校园的不同部分,或者每周都去高尔夫球场。也可能会偶尔前往其他的一些空间,也许是一整天在某个码头闲逛,或者是在某个公墓参加一场葬礼。我们可以认为,虽然可能会有意外,但大部分人到访公共城市开放空间是出于自愿的选择,尽管一些到访并没有必要

84

性,正如盖尔(1987)的定义以及本书的导言部分所讨论的那样。在这种情况下,必要的到访可能包括去医院赴约或者去办公区开会。另外还会存在的一些情况是,到访这些公共开放空间并不是一个特别的决定,而是另一个不同行为的结束。这特别有可能会发生在一些广场区域,某人在城市里购物,正好在广场结束,之后停下来呼吸一下新鲜空气,远离那种商业零售环境带来的压力。

关于公共城市开放空间的自然性质的另一个关键因素是,人们到达的方式。由于公共城市开放空间距离大多数人的家庭都很远,因此大多数人都不可能步行至这些空间。到达的方法可能是公共交通、铁路,或者更有可能是公交车;也许是私人交通,自行车或者更有可能的小汽车。这些形式的交通在城市环境中产生了它们自己的空间问题,即对于许多设施的需求,公交站点、停车场,以及安全的自行车存放区。去往任何一个特别的公共城市开放空间的决定,都有可能会是自愿的、必须的或者碰巧的,抵达这些地方所用的交通方式也相应地是自愿的、必须的或者碰巧的。此外,也许比邻里城市开放空间更多的,成本、交通和可达性,以及更多的对去往公共城市开放空间之过程的安全性的关切甚至是害怕,可能对一些人来说都是问题。

在社交方面,公共城市开放空间提供了最大量的机会(远超家庭和邻里城市开放空间)以在城市环境中接触许多不同类型的人——当然也可以不去接触。因此,在公共空间,人们可能不仅会接触到家人、朋友、邻居和熟人——或许应该称为叫不出名字的熟人——而且会接触到来自城市区域内的其他邻里社区的各种各样的人,甚至是完全不认识的陌生人。话虽如此,很多人去公共城市开放空间也是与家人或者朋友一道,但同时存在的可能事实是,他们在该空间所认识的人的比例,会比家庭或者邻里空间要小;当然,这可能会因为空间的不同而不同,甚至两次不同的到访,情况也有差别。公共城市开放空间会比家庭或邻里城市开放空间提供更多的机会让人们获得一种短暂的匿名感。这种匿名感可以是在不断循环往复的日常任务中获得的一个广受欢迎的解脱机会,同时,许多在家庭和邻里城市开放空间中占据主导地位的社交和亲密关系,也能在公共城市开放空间中得到体验。

那么公共城市开放空间带来的益处是什么呢?城市开放空间在不同方面的效益,正如本书第一部分所讨论的,都会在公共城市开放空间中或多或少地有所体现,尽管很有可能在不同的空间中,会由不同方面的效益进行主导。因此,休闲消遣型公共城市开放空间可能会比商业类空间带来更多社会效益,并且有着各种动态和静态的消遣活动机会。另外,这些休闲消遣型空间可以为提高身体和心理健康提供机会。身体健康方面的机会,如第二章所讨论的那样,不仅能在休闲消遣类空间中找到,而且能在健康和教育场所以及办公楼广场等空间中发现很多。事实上,心理健康的效益可以来源于所有的公共城市开放空间。公共城市开放空间的环境效益将取决于每个空间的具体设计,以及硬质景观和软质景观的比例。商业空间通常由硬质景观主导,且只有较少的植被,因而只能提供比较有限的环境效益机会,但医疗、教育、交通,特别是消遣型城市开放空间往往会提供更多的植被,并在改善城市环境以及为野生动物提供机会方面做出很大贡献,正如第三章所讨论的那样。至于经济效益,这可能与商业公共开放空间更为相关,而非其他类型的公共城市开放空间,但是后者也能创造经济效益,例如,码头的再生项目可能会通过吸引当地或者更遥远的城市的游客而对地方经济做出重要贡献。当然,所有这些空间都需要维护和管理,因而会在这些地方产生一些就业机会,并推动经济发展。

本书第一部分所概括的大量效益和机会可以在不同的公共城市开放空间中找到,只不过某些效益和机会在一些空间类型中会比其他类型更容易获取。至于人们可能在公共城市开放空间中遇到的其他人,与其他类型的开放空间相比会有更高的比例是陌生人,但也会有更多的机会能够得到片刻的匿名感。

商　业

广场

是一个市民广场还是一个商业广场?对这些称谓的定义是否反映

出了空间的年代、位置、用途或者大小？

> "没有广场的城市不能叫作城市……没有什么可以替代这种自发的社会聚集——它的基本单元是城市的市民。"
> ——保罗·古德曼和帕西瓦尔·古德曼（Communitas，1960）

广场是城市中最古老的一个开放空间类型，因此通常存在于旧城区里。市场类的广场最初位于庙宇周围，因此并不是所有人都能到达的——这种局面在多年以后才有所改观。市场与庙宇的分离出现

7.1 圣马可广场，威尼斯

在美索不达米亚和古希腊时期。市场是一个副产品，来源于"那些有着很多其他原因，而不仅仅是为了做生意的消费者们聚集到了一起"（Mumford, 1966）。因此，市场成了人们见面或者聚集，并在那里交换消息的地方。市场的这种社会功能继续在一系列的公共城市开放空间中得到发展。许多中世纪欧洲城镇通常都会有一个周边围绕着主要城市建筑物的广场——包括教堂、海关、医院、市政厅。在许多情况下，当欧洲人从这些城市出发，横跨大洋远航，并在美国登陆后，他们在建立新的城镇和都市的时候，往往把市场设置在开发范围的中心地带（Loukaitou-Sideris and Banerjee, 1998）。

大多数的广场清晰地由围绕其周边的建筑所划分，而且实际上是被这些建筑围合在内的。在大多数情况下，城市广场会与城市中心的街道相连。在美国，广场可能是城市道路网格系统中的一块没有建筑的土地。在欧洲，广场可能是城市设计元素之一，或者仅仅是对于道路的拓宽，使其围绕一个地标物扩散，例如喷泉、纪念碑，或者一尊雕塑（Heckscher, 1977）。一些城市，例如佛罗伦萨，广场来源于对建筑物的拆除，为了让位于宏伟的开发计划。某些广场纯粹地被用作了市场，并为那些不同类型的商人提供居住空间——以及作坊、拱廊市场和商店。同时，一些城市开发市民广场，是为了让商业零售功能与市民活动相分离（Girouard, 1985）。广场并不仅仅被用作市场。到了节假日，一些集会和活动也会在这些城市空间中举行，例如斗牛、杂耍，说不定还会有杂技表演和燃放烟花爆竹等。此外，位于世界不同地区的许多广场，过去曾经，而且现在仍然在被用作宗教仪式或者穿城而过的游行路线的一部分。有些市民广场还被用作贵族们的聚集场所。

我们肯定不会忘记，某些设计风格以及在广场发生的活动会在世界上的不同地区因为习俗、文化和宗教而产生差异。事实上，广场，正如其他公共空间一样，能够象征它所处的社区，以及更大的社会或者文化（Carr et al., 1992）。这种差异的一个例子具有悠久的传统，巴黎的广场为了提高市民体验，没有很好地与住宅房屋分布相连接，而伦敦的广场作为一个半私人的花园，则与住宅区完美地融合在了一起（Girouard,

87

1985)。

在某些情况下,广场会被用于政治活动,或者在发生社会动乱的时候被人们使用。这样的活动一直延续到了20世纪,德国的广场被希特勒用来举办游行,而莫斯科红场每年都会举办阅兵仪式。

广场最终成了一些住宅区的重要组成部分,而伦敦也许是一个最经常表现出这个特征的城市。伦敦的第一个正式的文艺复兴广场的产生主要归功于三个人。英王查理一世很乐意支持伦敦的扩展,尽管伊丽莎白一世时代对于扩展的限制仍然生效。贝德福德伯爵想开发斯特兰德大街上自家宅邸背后的那块土地,建成联排别墅之后出租。而建筑师伊尼戈·琼斯受到意大利的建筑和形式的影响很大,当时即将设计考文特花园广场。林肯律师学院广场、莱斯特广场、布卢姆斯伯里广场、苏豪区、红狮酒店、圣詹姆斯公园、格罗夫纳广场和伯克利广场等都在公元1700年之前建成。建造这些广场的投资人包括贵族、商人、律师和建筑商(Burke,1971)。其中的一些已经经受住了时间的考验,但也有一些没有。考文特花园的开放空间变成了市场,周边的住宅区也在衰退。而在其他地方,作为一个封闭花园形式的开放空间则比较成功(Girouard,1985)。

当代广场的成功,不仅涉及它是如何形成的,什么包含了它或者它包含了什么,而且也涉及它那里发生的事情。它是一个热闹的包含了市场的广场,并且对城市的零售业发展十分重要?还是一个安静的空间,可以与朋友聊天,交换当地的新闻?或者它是一个进行政治和社会辩论的地方?还是说,它是这么一个地方,所有这些活动都可以在一天或一周或一年的不同时间点发生呢?

商业广场

商业广场是比市民广场更开阔一些的城市空间,不是那种小而狭窄的场所,而是空间规模比较大的场所。它们可能是为了某个目的而设计的,但是也会被用作其他目的。这一点尤其体现在美国过去四十年里的许多经验中。自1961年开始,纽约市开始为那些建设商业广场的开

图7.2　商业广场可以得到很好的使用，布罗德盖特中心，伦敦

发商提供奖励。每建设一平方英尺的商业广场，分区规划通常就允许建设十平方英尺或者更多的商业空间。因此，到了1972年，世界上最昂贵的20英亩办公建筑空间，就来自商业广场的开发（Whyte，1980）。其中的一些商业广场，作为街道生活的一部分而得到了研究，并被发现吸引了很多使用者，尤其是在午餐时间。但是许多商业广场除了让行人步行穿过之外并没有得到较多的使用。其他一些研究人员发现，商业广场中的那些被认为使用较少的空间，往往是宏大的，而且仪式感和纪念感很强的地方（Carr et al.，1992）。其他一些研究将商业广场描述为"可以快速穿行的近道"，而且更加侧重其作为"建筑的一部分，而不是社会的一部分"（Jensen，1981）。为何许多这类空间看起来如此没有得到充分利用呢？

　　街道生活项目在三年里研究了十六个商业广场，虽然其大多数主要结论都是在研究结束的半年后得出的。不出所料的是，办公室的工作人员成了这些城市中心空间的主要使用群体。最常使用商业广场的是那些社交属性较强的活动：情侣见面、人们成群聚会，以及朋友见面交流最新消息。这些使用良好的空间，不仅给社交活动提供了机会，同时也比那些被更少使用的空间吸引了更多的人。在这些使用良好的空间里，女性比男性要多，此现象反映了她们选择使用该空间的时候可能进行过的考虑，因为这些空间经过了精心设计，而且会相对安全。日常活动周期可以通过使用空间的人数体现出来。使用的高峰期在每天的　88中午到下两点之间。在此峰值期间，使用者的数量会根据天气和季节有所变化。坐下、站立和运动的模式在这项研究中得到了考虑。一些因素，例如阳光、美观、视觉元素、围合感、形状和空间规模，与那些丰富多样的设计元素一起得到了深入研究。使用者们认定最为重要的元素是"可坐性"，这是因为许多商业广场都普遍缺乏一些基本的便利设施，例如坐下的机会、实惠的食品、树荫、水景以及其他普通的景观（Whyte，1980）。

　　更深入的研究发现，对商业广场的设计在许多方面都十分重要，例如它的使用功能、所处的环境以及地点。为此，明尼阿波利斯的五个商业广场得到了深入调查。结果再次表明，在使用方面存在一个高峰期，即从上午十一点到下午两点，比午餐时段稍长一些。人们对那些有更多餐馆、酒吧、办公室和停车场的商业广场的使用会更多。此外，那些与住宅区以及百货公司毗邻的商业广场的被使用率较低，而与银行相连的商业广场的被使用率则最低。因此可以得出结论：商业广场周边的土地利用能够对人们使用商业广场的频率产生影响（Chidister，1986）。

　　一个关于洛杉矶市中心的三个商业广场的研究，证实了此类场所经常会令人乏味。第一个商业广场被设计成了一个人工的"地下洞穴"，并且与零售用途有关。第二个被设计成了一个法式花园，并与企业办公用途相关。第三个商业广场则更多的是一种礼仪空间，与文化用途有关。在这三个广场中，很明显的是，所有的设计元素，例如围墙、单调的外观、通向停车场的主要入口，一起构成了一个自我封闭的商业广场，形成了一种防御性的设计风格。此外，这种空间是死板的，它并不允许使用者依照不断变化的需求进行改变（Loukaitou-Sideris and Banerfee，1998）。

图7.3 水景能够带来一种愉悦的体验

水景

水是人体的主要成分,大约占据了人体60%的重量。水景经常在市民广场或商业广场出现,一些可能会被认为属于成年人生活的一部分的地方。但是水景也能吸引儿童。

最初,城市地区的水景,主要是因其功能性而存在,例如饮用,以及作为排水系统的组成部分。罗马的第一个喷水池是实用性的,直到16世纪的下半叶,才出现了一些精心制作的观赏用喷泉(Girouard, 1985)。新的供水系统为喷泉数量的增加提供了基础,同时,新建的喷泉并没有使用传统的设计。罗马的许多花园喷泉都是在此期间开发的,艺术和自然被融合到了一起。其中的一些喷泉看起来似乎是自然的——但讽刺的是,喷泉与河流往往以一种不自然的方式结合在一起(MacDougall, 1994)。在公元312—315年间完成的一项调查显示,罗马拥有由130个水库供给的大约700个公共浴池和500个喷泉(Mumford, 1966)——这是一个可观的水景数量,一共占地大约五英亩。

虽然英国是一个岛国,与大海有众多历史上的联系,但我们通常只

89

会利用水的生活辅助功能，例如废物处理、工业和发电（Winter，1992）。除了少数富裕的家庭，例如德文郡的查茨沃思庄园，大部分人并没有将水用于玩耍或者消遣，除了游泳池。事实上，我们的许多社区都对水体有一种恐惧心理，并通常会在水体周围设置栏杆和危险标识。针对城市地区的开阔水景的比较健康的心态，被一种过度谨慎的态度所取代。尽管许多研究表明，水是许多人喜爱的元素（参见 Ulrich，1981；Purcell et al.，1994）。

　　一项针对北卡罗来纳州的259名心理学学生进行的研究项目清楚地发现，对不同类型水体的偏好十分明显。高山湖泊和河流受到高度欢迎，而沼泽和死水潭则相反。人们普遍偏好的洁净和新鲜元素，也可以被应用到城市地区，例如水景雕塑等。该研究表明，最受欢迎的水景不仅包含了众多的元素，而且还具有更深层次的趣味。此外，空间纵深也被发现是一种偏好。那种提供了一个较长的视角的水景，或者可以在某个视角的终点被看到的水景，会更受人们喜爱（Herzog，1985）。英国的研究已经确认了供青少年活动的城镇区域里的水景的重要性。特别是当那些早就存在的水景被植物取代之后，青少年们会特别难过。"这里曾经是一个小喷泉……但现在他们已经废弃了这里，并用混凝土进行了彻底的浇筑。"（Woolley et al.，1999）

　　水体在城市地区，能够提供三种感官机会——视觉、听觉和触觉——尽管水景的设计和管理并不总会允许这些体验。是否公共场所的水体应当仅仅作为观赏使用？或者说，人们应该被允许去体验水景而不仅仅是观赏？通常，安全性会成为让人们远离水体的原因，但精心的设计和管理能够提供可以安全体验的水景，而且不仅仅是视觉和听觉方面的体验。谢菲尔德的和平花园案例是研究城市开放空间的一个很好的例子，在城市中心，人们可以通过所有的感官来体验水景。

办公楼广场

　　办公室绝对算是一种成年人的经历——但并不是所有的成年人都会经历——这种经历只属于那些在办公楼上班的白领。在20世纪80年代,商业区公园的发展体现了外部环境对于企业主和员工的重要性。

对于上班族来说,他们的工作环境十分重要,因为他们花在这里的时间太多了。如果一个人每周工作37小时以上,且每年工作超过46周,那么一年的工作总时间将超过1 700小时。也许我们并没有对工作环境的重要性给予足够的重视——尤其是物理环境,以及它对人的心理和身体方面造成的影响,正如第二章所讨论的那样。

90

在心理方面的因素中,可能影响工作表现的有动机、工作满意度和心理健康水平。也有可能是这些因素的重叠,但很显然的是,企业主应当更多地注重这些因素,以获得员工最好的回报和最好的价值。心理健康水平的组成元素和人们的工作环境有关,而相关学术研究已经涉及了这个议题。可以从办公环境中向外瞭望的窗户和视角成了这种环境考量的重要指标。窗户不仅提供了明亮、阳光以及关于天气的信息,还可以看到窗外世界正在发生着什么,其提供的视野可以让人们从压力中恢复。如果在该视野中能看到自然的存在,哪怕是寥寥几株树木,都会在工作的满意度、接受挑战的能力以及整体的健康方面产生重要作用(Kaplan,1993)。研究的受访者评估了他们的工作挑战、挫折、工作热情、耐心、生活满意度和整体健康水平,结果显示,如果能拥有一个接触自然的机会,而不仅仅是从自己的办公室窗口向外观看,那么他们的评估结果将会更好。

最近的一个针对南欧的葡萄酒生产企业的员工的研究,关注了他们对是否拥有一个观景的视角,以及透过窗户能够看到的不同类型的场景的反应(Leather et al.,1998)。共有一百名员工完成了调查问卷,该问卷考察了许多方面的指标,包括工作的紧张程度、照明、阳光的渗透、透过窗户能看到的场景、工作满意度、离职的意向以及心理健康水平等。问卷调查表明员工体验了类型十分广泛的环境,从光线昏暗到光明亮堂,从没有窗口观赏环境到有一个窗口能够看到美丽的全景。研究发现那些可以从一个窗口视角体验美景的员工获得了一些积极的效益,尤其是一个能看到乡土元素的视角(我认为这里的"乡土元素"与其他研究中所提到的"自然"具有相同的含义)。一个能欣赏美景的视角的存在,与工作的满意度之间存在着正相关关系,而且还能够降低心理健康水平受到的伤害。同样很清晰的是,具有更大的视角欣赏乡土元素可以帮助缓解工作紧张带来的负面影响,以及离职的意向。因此,正如受访者更加喜爱能观赏到乡土元素的视角一样,这项研究表明,该视角在提高工作满意度、心理健康水平以及降低离职意向方面也存在有利的影响。

苏格兰企业服务组织,连同其包含的十二个地方企业已经通过创新的、高质量的项目来重振经济发展。该组织对相关项目提出的一个要求是,景观设计必须与明确的经济目标相关联。一系列的科技园区已经建成,而且其景观结构在基础建设开始之前就已经得到有效开发。在某些情况下,很显然,私营企业已经接受这个现实,在项目开发之前实施良好的景观设计可以产生效益(White,1999)。本书第三部分的爱丁堡公园案例研究正是这种做法的一个例子。

健康和教育

医院

医院作为康复的场所在历史上一直十分重要,医院所拥有的潜在治疗效益在古文明时期就已得到确认。公元前500年,希腊的阿斯克勒庇俄斯神庙建有一条从北墙起始的、由东向西的长轴线,为了使患者能够享受到南面的阳光——在那段时间,这被认为是一种治疗疾病的方法。罗马军队医院的设计旨在帮助受伤的士兵恢复。其中的一些构筑物由一系列的同心矩形病房构成,并以一个庭园作为中心。这种庭园能够提供"呼吸新鲜空气和漫步"的机会(Westphal,2000),这在康复过程中十分重要。其他的文化和文明也对此概念和康复景观的发展有所贡献。至少在公元前2500年的中国,自然就作为一种康复的工具受到了倚重,中国的医学构建在五行之上:木、火、金、土和水。健康的关键,被认为是能保持这五种要素的平衡。在印度,健康与自然的关系早在公元前2500年就得到了确认。阿育吠陀,意思是生命的科学,实际上是从波斯人、希腊人和莫卧儿人的文化中汇集了关于传统草药的知识(Burnett,1997)。

91

如今的术语"医院"(hospital)，是从中世纪的"济贫院"(hospice)一词演变而来的。济贫院的建造最早在公元300年就已经开始，主要是为了那些朝圣者，他们愿意寻求悔改从而在精神上和身体上得到康复。朝圣者会受到来自修道院或者修女院的招待，并使用一些设施，例如香草园等，作为回报，他们需要在葡萄园或花园里工作。文艺复兴之后，医院变得较少由宗教主导，那些附带庭院的、两到三层的公立医院也变得多了起来(Westphal，2000)。药用植物园以及大学的概念，也是在这个时期出现的(Burnett，1997)。但到了19世纪末，和医院相关的庭院、花园和开放空间的重要性已几乎消失殆尽。随着工业革命的爆发，以及现代化技术和建筑材料的发展，20世纪的建筑变得往往会忽视外部空间的有利影响，虽然这个问题在20世纪末已经得到了越来越多的关注(Westphal，2000)。医学领域取得的进步也可能会对外部环境产生影响，但是因为外部环境的重要性经常会被遗忘，所以通常不会得到资金的支持。也有人认为，"药物和机器都被赋予了最优先的考虑，胜过了人们欣赏景色以及人们与自然康复之间的关联"(Burnett，1997)。

最近，随着奥姆斯特德等人关于健康和心理健康水平的重大发现，特别是城市地区开放空间普遍存在的健康效益，人们终于有了机会可以考虑医院的环境情况。一些医院因修建在公园环境之中而得益，另一些则自身就附带有花园和绿色空间，且里面的绿植"充满了想象力和技巧"(Hosking and Haggard，1999)。然而，也有人认为，那些不单纯局限在建造于一块小小的城市土地之上的现代医院，并没有像它们应当的那样很好地利用它们的土地。这种并不完美的对土地的管理包括了一系列的原因，例如房屋管理员需要为建筑负责，所以会对它们优先进行考虑。因此，传统的布局和整齐的花园已经消失，场地能提供的美观效益被认为只有比较低的价值。由于资金方面受到了约束，外部环境的建设并没有得到充分的投资(Hosking and Haggard，1999)。配额地也被建议设置在医院中，以帮助满足对此类设施逐渐增加的需求，而果园应当设置在那些拥有长远目标的场地。医院中的草药和野生生物花园可以提供感官体验的机会，也可以通过直接接触动物和植物的方式与自然进行交互。可能在不太频繁的情况下,一些医院场所会有墓地存在,特别是专为小婴儿设置的墓地。所有这些元素都应该得到那些设计和管理医院场所的人的关注。

那些接受了手术的患者被认为会格外地处于焦虑和压力之中。过去有一个研究考察了景观对于手术患者康复情况的影响效果,并比较了房间中拥有一个欣赏"自然"的视角和只能看到褐色砖墙之间的差异(Ulrich, 1984)。研究选择了许多经历着同样手术的患者,且每一对患者的变量指标都尽可能地接近,例如年龄、性别、体重、烟草消费以及过往病史。成对患者们会被分别分配到具有不同景色的房间中,同时他们的康复情况也会受到监测。那些房间里能欣赏到自然美景的患者,似乎在两个不同的方面有所受益。首先,相比较那些住在只能看到褐色砖墙的房间的患者,他们的住院时间会更短。其次,前一组患者的轻微术后并发症发生率较低,且比后一组服用了更少的止痛药。乌尔里希总结道:"这些研究结果强烈表明了,自然景色对患者具有明显的治疗效果。"(Ulrich, 1984)

窗口所欣赏到的景色的质量也被证明是患者得到恢复的重要因素(Verderber, 1986)。一项研究为125名工作人员和125名住院3个月以上的病人展示了64张照片,这些照片所展示的景象中,既有没窗户的房间,也有附带很多窗户的房间。此外,受访者还被要求回答10个书面问题,例如"对空间内的窗户的偏好和评估,以及病人和工作人员的行为与'窗户度'的关联"(Verderber, 1986)。该研究显示,树木和草坪、周围的邻里社区、外面的人、近景和远景,是治疗室里最渴望看到的景色。那些提供了户外活动机会的景色尤为重要。在医院进行选址和设计的时候,应该更多地考虑人们对于外部景观的偏好。

关于医院窗口视野的效益,有一个感人至深的例子,这是一项在科罗拉多州开展的研究(Baird and Bell, 1995)。该研究记录了卡罗尔·贝尔德在肿瘤科和隔离室的一些治疗体验,以此作为她的论文的一部分。在这个艰难的时期,对她的观察需要依靠她的家人、朋友和导师进行记录。卡罗尔清晰地表现出对一个带有窗户的房间的偏好,因为那里能看

92

到医院的地面和远处的山峰，但讽刺的是，这两者之间是一处墓地。她不喜欢几乎没有户外视野的房间，比如肿瘤科的那些房间。此外，身处隔离病房通常会令人十分沮丧，卡罗尔很高兴能被转移到一间拥有自然景观视野的房间——这次移动导致了情感状态的改善，从绝望变为乐观。

最近，一项针对不同类型活动偏好的研究在安大略省圭尔夫市的一家精神病院展开（Barnhart et al., 1998）。研究包括一系列医院场所的照片，分别表现了不同程度的"自然性"和围合性。这些照片被划分为了几个不同的类别：自然的、混合的、人工的、开放的、封闭的。患者和工作人员都被邀请来在分类组合的九张图片中做出选择，并从中指出第一、第二、第三喜好的图片。选择的同时还需要考虑，假设他们会在这些环境中开展一系列动态的、静态的，以及动静混合的活动。动态活动包括步行、与朋友一起说话或者站立、抽烟或者自己一个人待着，而动静混合的活动包括交谈、参观、吃午饭，静态活动包括各种需要坐下的体验。从这些研究和分析结果中可以清楚地看到，不论是工作人员还是患者，不论动态还是静态的活动，他们都更偏好自然的环境。此外，他们还表示，对于静态的活动会更偏好开放的环境，而动态的活动则更偏好封闭的环境。

周围环境对患者产生的影响得到了霍斯金和哈格德（1999）的深切理解，他们定义了四方面的美学意义——心理、精神、身体和智力——并认为它们在或大或小的程度上会被周围的环境"刺激、鼓励、维护或压制"（Hosking and Haggard, 1999）。将此规律与医院环境进行联系之后，他们讨论了建筑、景观、艺术、健康等不同领域以及英国国家健康服务的复杂体系如何对患者产生了影响。通过对医院环境中的花圃、配额地、果园、草药园、野生生物花园、墓地、儿童玩耍的机会、保护动物、提供"秘密花园"等元素的探讨，外部物质环境的重要性得到了强调。一些场地的不良状态被霍斯金和哈格德（1999）认为不利于患者的体验，因此建议所有医院都应该配备一个专业团队，包括优秀的建筑师、室内设计师、艺术协调员，以及景观设计师，以此促进和保障医院和周围环境的

93

和谐共处。

门诊病人、临产妇女和医院访客也需要得到认真考虑，正如丘奇曼和菲尔德豪斯（1990）所述，当这类人到达医院的时候，往往会处于紧张状态，有时还会陷入混乱和糊涂。因此，停车场、公共交通的出入接驳点，以及与医院出入口之间的关系，都需要十分清晰和容易理解。这应该是在医院场所的总体规划阶段被重要考虑的因素。此外，服务的通达，不仅是指救护车而且还包括货物和食品的递送，这些都需要在规划、设计和管理时被认真考虑。

医院肯定是城市中心最繁忙的地方之一。人们不只是在朝九晚五期间才会生病或需要医疗照顾和护理。为了提供覆盖每天二十四小时的护理，医疗和辅助人员需要轮班工作，并在一天的不同时间轮流到达和离开医院。他们的通勤安全是非常重要的，而医院场所的外部布局设计可以对他们的安全产生影响。医院到公交车站和停车场的路径布局和设计，以及对于植物的使用、照明的级别和类型，都必须得到认真考虑。

最近在英国尽管事实上有许多的婴儿都是在医院出生的，但这些婴儿不太容易体验到医院的庭园——如果有这样的庭园存在的话。因为分娩之后的母亲有着需要尽早回家的压力，他们很难有时间去欣赏周围的环境。在我们的人生中，我们可能总会不幸地需要依靠医院的服务——也许是在少年时期需要完成阑尾切除或者扁桃体切除手术，或者是在十多岁的时候需要治疗自己骨折的手臂，又或者是在成年后的生活中医治某些疾病或者意外事故造成的损伤。随着人口老龄化进程的加剧，医院的环境将对于更大数量的老人更为重要。或许，我们应当反思一下我们对感官刺激给予了多大的重视——视觉、听觉、触觉、嗅觉和味觉——特别是当人们从疾病或者手术当中恢复的时候。我们会用花来刺激视觉和嗅觉，我们会用水果或巧克力来刺激味觉和嗅觉。那么，为什么我们不坚持继续让医院依据自身环境来刺激这些感官呢？利用良好品质、精致设计和完善管理的医院场所以提供那些在本书第一部分中提到的效益，尤其是第二章中所讨论的心理健康效益。

大学校园

牛津、剑桥以及红砖大学往往已经开发了一系列的场地,牛津和剑桥有许多学院拥有优美的庭园和滨水空间,而红砖大学则一般会有一系列与之相关的小型开放空间。一些20世纪70年代的大学,例如萨塞克斯大学、东英吉利大学、约克大学、埃塞克斯大学和斯特林大学,它们的环境都非常优美(Epstein,1978)。这些大学校园周边的环境和内部的景观代表了大学的特色,并被认为是一笔宝贵的财富和一种学习的体验,正如本书第三部分的案例研究所述。

然而,随着教育机构之间对于生源的竞争日趋激烈,一些机构已经开始重视起它们的环境和景观质量(Penning-Rowsell,1999)。潘宁-劳斯尔研究了两个案例,一个是伦敦斯特拉特福工人学院的停车场被改造成临时景观的设计,另一个是哈克尼社区学院对新校区的空间和子空间的设计,她评论说,"一个看起来优美的校园,充满了富有活力的新设计,可以提高(学生)的数量,并产生重要作用"(Penning-Rowsell,1999)。技术的进步让当下的学校网站中包含了虚拟游览校园的功能,而针对学生如何选择大学的研究表明,影像资料和第一印象对于此类抉择具有十分重要的意义。

在第二章中,我们看到在经历过一场考试之后,学生们可以通过对自然的观赏得到精神上的恢复。在这里让我们来看看另一项关于学生的研究,即观赏与城市环境相反的自然景色是否对学生恢复注意力产生了影响。参与这项研究的学生所居住的房间,都是大学控制和管理的住所,并且都拥有可以看到外部环境的窗口视角,可见景色包括完全自然的、主要是自然的、主要是人工建成的,以及完全是人工建成的。一系列的指标被用来识别学生控制注意力的能力,而其他可能的变量都在选择样本的过程中被排除掉了。结果显示,那些能从他们的窗户欣赏到自然景色的学生,比那些只能看到不太自然的景色的学生更能够控制他们的注意力(Tennessen and Crimprich,1995)。为了依据学生在大学中的情况来成功地调控他们的不同需求,在他们的房间中能够观赏到的自然景色无疑是一种重要的效益,这能有效帮助他们控制注意力或者集中精神。

随着政府试图提高英国大学生人数,大学校园的体验将会对更多的人的日常生活产生影响。即便可以改变提供给学生的奖学金的设置,让更多的学生在当地的大学学习,但他们仍然会需要体验相关教育机构的内部和外部环境。因此,与大学相关的此类开放空间将对越来越多的人变得十分重要,在这里他们将有机会受益于家庭的、社会的和匿名的各种时刻。

庭院

从古至今,在世界各地,庭院一直是城市结构的一部分。这些庭院往往有着特定的用途:宗教、政府、军事以及家庭。在被西班牙统治前的美洲,金字塔神庙拥有庭园和大片的平坦空地,而中东和埃及的寺庙中也有庭院 (Portland House, 1988)。许多希腊城市都拥有卫城,它最初只是一种包含了国王宫殿的城堡,后来则发展成了宗教中心。卫城的中心就是庭园,而庭院的周边则是各类神庙 (Corbishley, 1995)。公元1世纪的中国宫殿中,也有供皇室成员使用的庭院,而7世纪的中国庙宇则是由一系列围绕在庭园周围布局的建筑构成的。建于6—8世纪的日本佛教寺院,则会将建筑设置在庭院内部,具体位置会随着修建的时间不同而有所变化。到了17世纪,韩国也出现了由庭院、连廊以及建筑物构成的寺庙。在15—16世纪,意大利、西班牙和葡萄牙的宫殿内也设有庭院。伊斯兰的建筑也很好地利用了庭院,并在一定程度上受到了一些东亚建筑的影响,清真寺中的庭院通常会被拱廊所包围 (Portland House, 1988)。

庭院作为一种防御机制的一部分,因此也具有军事目的,这也被应用于许多不同的文化中。甚至可以说,如果城市和国家明显地由城墙包围的话,那么它们也可以被认为是一种庭园。因此,古城杰里科,修建于约一万年前,被认为是最早的城市,土耳其的古城沙塔尔·休于,几乎和前者一样古老,都受到了城墙的保护 (Wood, 1994)。迈锡尼和犹太以及许多其他古老文明的人民,都会修建围墙保卫自己。对铁器时代的堡垒的研究,例如位于英格兰南部的梅登城堡,揭示了复杂的防御建筑体系往往为其内部设施提供了庭院。古罗马城堡、诺曼城堡和金雀花王朝的

95 城堡都包含了用于军事目的以及日常生活的庭园。日本的城堡,以及法国和欧洲其他国家的城堡,也于14—16世纪开始把庭院作为一个重要的组成部分(Day,1995)。

内部庭院于公元前1—前2世纪就在中国的农村建筑模式中得到了体现。这里的建筑物会对称地围绕着一个庭院进行布局,而且主人可能会和动物一起使用庭院(Portland House,1988)。古希腊人的住宅也经常围绕着一个庭院建造,而且这类庭院中往往会设有祭坛(Freeman,1996)。古代的很多医院,都会包含一个内部供患者使用的庭院。希腊的医院往往会包含一个朝南的院子,以获取更多的阳光和新鲜的空气(Westphal,2000)。许多中东的房子都会围绕着一个庭院进行建造,且在大多数情况下,他们今天也还在采用这种方式进行建造。

所以,庭院为当代西方世界的生活带来了什么好处呢?我认为,当代庭院的主要用途不是宗教、政府或者军事的使用,而是家庭以及商业的使用。以家庭使用为目的的庭院,可以修建在那些能够承担得起价格的富人的别墅中,或者修建在有很多老人居住的建筑群中,天气晴朗的时候,他们可以在那里享受彼此的陪伴。庭院也可以在当代的医院建筑群中找到——特别是那些建于20世纪60年代的项目,即使其中一些很容易被忽视。除了上述类别,当代庭院往往仅局限于商业场所,例如办

96 公楼和银行附近,即便将它们纳入住宅开发仍然存在巨大的潜力。有人认为,许多可能成为庭院的空间都遭到了忽视,并没有按照庭院的模式对其进行开发(Johnston and Newton,1996)。

屋顶花园

尽管人们普遍认为存在两种类型的屋顶花园——精细型和粗放型——但是对于大多数人来说,屋顶花园通常只是前者。精细型绿色屋顶,总的来说需要精细的管理(Johnston and Newton,1996),虽然这取决

图7.4　一个开阔的绿色屋顶

于它们的设计和管理目标。典型的精细型绿色屋顶一般会包含地面铺
装、植被的生长基质、排水系统、灌溉层和植被层。这类花园可能会允许
一般人上去，尽管只是从花园所处的那幢特别的建筑中上去的数量有限
的人群。选用的植物品种可能会取决于花园的位置、屋顶的微气候以及
其他可预期的效果。技术上，在设计阶段需要认真考虑的重要问题是屋
顶的荷载。生长基质、植被、水等元素都会为结构带来额外的荷载。而
诸如此类的问题，都需要建筑设计师们一一解决。如此，精细型绿色屋
顶才可以得到人们的使用。

　　粗放型绿色屋顶只会得到简要的提及，因为它们很少被人们使用，
但是它们为城市天际线做出了视觉上的贡献，也对一个城镇或者都市的
可持续性产生了重要影响，正如第三章所提到的，它们对城市气候造成
的改善是十分重要的贡献。开发粗放型绿色屋顶一般是为了它们的生

态和美学价值(Johnston and Newton，1996)。它们的基质层会明显地更厚，而且其系统会被设计得更加容易自我维持，只需要输入少量的水和化肥，同时植物的选择也需要适合这些方面的要求。在英国，虽然只有很少的粗放型绿色屋顶的实例，但是整个欧洲大陆还是有很多的。

英国各类屋顶花园的发展都落后于欧洲的其他国家。尽管早在1978年，英国皇家北方音乐学院、爱丁堡的苏格兰遗孀基金的办公楼，以及贝辛斯托克的门户住宅项目等，屋顶花园就已经出现在关于景观的新闻报道中了(Whalley，1978)。最近的屋顶花园的案例，包括肯辛顿大街项目、萨里郡索普镇上的混凝土公司总部，以及伦敦的坎农街地铁站(Johnston and Newton，1996)。本书第三部分中的关于屋顶花园的案例研究，在这个国家是有点不寻常的，因为它是一个粗放型屋顶花园。该案例清晰地支持了本书第一章和第三章中所涉及的社会和环境效益。

不管怎样，屋顶花园，无论是粗放型还是精细型，在新建的或者再生的城市开发区域，都不是一个常规的部分，尽管它们提供了很多的机会和效益，尤其是在第三章中讨论的环境效益。或许对它们的使用将在未来有所增加。

交　通

港口和码头

一般来说，当下会去往港口和码头的人，比过去它们作为城市核心的一部分时更少了。今天，它们可能会在人们出国旅游度假或者在对某些地方进行拜访参观之时才有机会体验。现在，它们更少是一个工作的地方，而更多是一个消遣的地方。

曾经有一段时间，最初是因为地理位置靠近大海，同时还具有提供船舶服务的物理特性，港口如蜂巢一般繁忙。与港口相连的滨水空间"是货物贸易最重要的公共场所，货物的交易、制造和服务构成了港口城市的所有物质生活"(Wakeman，1996)。货物上岸、出售、分销，而水手会来来去去，这一切都让港口充满了喧嚣的活动。港口成了城市经济活动

97

的心脏,也为社会交往提供了许多机遇:港口既是有活力的,也是十分重要的。在20世纪20年代,美国最大的十个城市都被开发成为港口,而且还是重要的经济中心。很多中世纪的港口、码头或船埠,都因为那些不断上下移动吊装货物的起重机而生机勃勃,此外,这些起重机也主导了天际线的形态(Girouard,1985)。

在20世纪60年代和70年代,由于一系列技术的发展,大多数西方国家的港口生活都发生了改变(Wakeman,1996)。第一个变化是捕鱼业的衰落,新的渔业技术的发展导致一些渔港被迫关闭或者缩减规模。第二个变化是人们出行方式的改变——不像过去那样坐船出行,不少乘客现在会选择乘飞机旅行。第三个变化涉及规模经济以及集装箱运输的引入,这些发展产生了重要的物理和生态方面的影响。货船的尺寸显著增大,这使得许多港口不得不重新挖掘扩张,以适应船体更深的吃水。在一些地方,原来的港口被完全废弃,因为附近河口的开阔地区新建了集装箱码头。此类新开发地区“是一个位于巨大的交通运输网络中的技术连接点,而不是涉及复杂商业流程的一个独特而漫长的端点”(Wakeman,1996),它们的发展导致了城市肌理的丧失。相应的代价体现在社会和物质两方面,例如就业的减少,以及港口与城市的分离,这也被称作“从滨水空间撤退”(Wakeman,1996)。

在20世纪90年代,世界各地的许多港口都进行了再开发,其主要目的并不是发展传统的商业,而是发展一种商业、住宅、零售和休闲的组合体。许多这类开发项目,与海洋文化或者这些港口原本相关的功能并没有任何关联,而且也没有试图重新连接城市和港口(Wakeman,1996)。这样的再开发项目包括位于布里斯托尔、利物浦和伦敦的港口和码头。其中一些重建项目已经取得了成功,但另一些项目则因为再开发过程中缺乏当地社区的参与而遭到了批评。在第三部分的案例研究中,查塔姆海上开发区就是一个通过旅游业提升当地经济的很好的例子。

交通及河流廊道

交通及河流廊道可以一同进行考虑,因为大体上它们具有形式上的共同点——线性；同时也有相同的功能——通行。这些特征可以在日常生活中得到使用：无论是工作，也许是沿着道路开车或者乘坐火车；还是放松，也许是在江上的大船或者渠上的小船度假。一个人旅行的速度，会影响这个区域对他产生的视觉影响。同时，线性城市开放空间可以支持并提供重要的生物栖息地（Spellerberg and Gaywood，1993）——尽管，当然，这取决于设计的好坏。此外，也能提供舒适休闲的机会。

自古以来，水就被用来运输货物和人员；第一条运河被认为是围绕着古埃及阿斯旺的瀑布而建的，大约在公元前2300年。在英国，航运体系由罗马人创建，而埃克塞特运河首次开掘于1566年。桑基运河修建于1757年，布里奇沃特运河修建于1761年，后者由布里奇沃特公爵投资修建，为了"将煤从他位于沃斯利的煤矿运输到曼彻斯特的市场"（British Waterways，n. d.）。运河作为运输货物的方法产生的效益——运河上的一艘船的运载量，可以远远超过一条道路上的驮畜——很快就被人们所接受，"运河时代"从此拉开序幕，富人和穷人都投身其中。这对18世纪的英国景观产生了重要的影响。遍布整个英国的运河网络，共有"4 250英里的内河航道，上面搭载了3 000万吨的货物和原材料"（British Waterways，n. d.）。国家主体迅速地从农业社会转变为了工业社会，原本只能在本地采集原材料的工业，开始可以通过货物运输进口各种物资，这也导致许多小村庄逐渐发展成为城镇。现在的大多数城镇仍然拥有那个时期修建的运河。

铁路的出现被一些人认为对运河系统产生了不利影响，但当时的货物运输仍大多通过狭窄的运河完成，直到第二次世界大战结束。新的高速公路网络的修建带来了质量更好的道路，这对运河体系的货物运输产生了最为重要的影响。有人认为，1962年末到1963年初的那个冬天出现的恶劣天气也导致了运河货运系统的衰退。河道爱好者汤姆·罗尔特和罗伯特·艾克曼于1946年成立了内河协会，通过他俩以及其他人的努力，这些运河作为无价的国宝得到了良好的保存。在20世纪60年代，许多运河被遗弃或者填埋，有些时候仅仅是由于修复几个桥梁的成本太高。英国河道局在1962年《交通法案》的主张下得到创建，这个机构，在过去了40年之后，仍然是2 000英里的英国内河航道的管家。与河道相连的有2 800栋作为文物被登记在册的建筑物和构筑物，其他还有水闸、泵站、397座渡槽、4 763座桥梁、仓库、收费站、别墅以及60条隧道。

今天，这些运河的使用功能已经变得更加多样化。每年仍然有超过350万吨的货物通过河道进行运输，这与20万辆货车的运送能力相当。这部分运输主要发生在英格兰北部和苏格兰地区更为宽阔的河道中，运输的货物主要是木材（British Waterways, 2000a）。在过去的40年里，休闲和消遣活动与运河网络之间的关系越发密切。《英国河道报告》显示，英国每年会有1.6亿人次游览河道。英国河道研究部门发现，有1 000万英国人会至少游览一次运河以及通航河流。垂钓是最受欢迎的滨水活动之一，共有10万钓鱼爱好者会经常使用河道，而每年会有700万骑行者游览水边。划船也是受许多人喜爱的消遣活动，英国共有25 000艘私人机动船，还有1 500艘可供租用的机动船（British Waterways, 2000b）。此外，还有150艘包含游览、餐厅和酒店功能的船只可供进行各种活动和庆祝典礼。所有这些数字并没有包括那些可以自由前往1 500英里的滨河道路的人的数量（British Waterways, n.d.）。

在城市地区，许多与河道相关的活动都可以很容易地让所有人都能够接触得到。垂钓、散步、划船、坐立和摄影都很容易与城市运河关联开展。据估计，每天会有5 000万次的行程会经过、穿过，或者直接在运河的上面发生（British Waterways, 2000b），这强调了一个事实，即河道构成了我国许多城市的核心和生态。

作为城市环境中的一个重要资产，对滨水空间进行再开发的重要性已经得到了确认，同时，英国的此类方案也已经有了新的进展（Cary-Elwes, 1996）。伯明翰自认为比威尼斯拥有更多的运河，并启动了一个重要的合作计划，试图推动靠近市中心的加斯街码头区域的复兴。仅该地区每年就可以吸引超过200万人次的游客访问，它已经从工业革命的遗产转变成一个欣欣向荣的新天地，拥有酒吧、餐馆、酒店、画廊和国际会议中心。游览船、水上糕点餐厅以及咖啡小船，所有这些都增加了人们可以在滨水空间获得的体验。

图7.5　高速公路边上的树林

　　现在,终于可以讨论河流了,因为它们提供的许多效益与运河十分相似,所以我们只会对它们进行有限的考虑。城市河流提供的静态消遣机会相当可观,许多人都可以来此享受散步、观赏野生生物或者船只,
99　以及进行其他一些相关的活动。一些河流吸引了来自其他地方的游客,这有助于当地经济的发展,无论仅仅是半天的出游还是两周的假期。然而,在许多城市地区,河流可能带来的效益——特别是环境和社会方面的效益——不幸地被错过了,因为此类河流在城市结构体系中通常会被人们使用混凝土进行改造。毫无疑问的是,虽然在事实上已经错过,但是此类河流仍可以带来许多机会并大幅提高人们的生活品质,如果它们得到了适当的设计和管理。

　　与铁路相关的建筑,在设计时不仅要考虑满足蒸汽火车的需要,还要顾及火灾相关的风险;所以,铁路附近一般只有低矮的草地,因为灌木丛和树林可能会显著增加发生火灾的危险。这些线性道路的设计和管理主要依据相关功能的需要(McNab and Pryce, 1985)。随着蒸汽火车的消亡,火灾已经不再是主要的安全问题,到了20世纪60年代,对植被的维护已经下降到了保护火车和沿线工人安全的最低水平。随意砍伐树木现象的增多及其对景观产生的视觉影响,导致汉普郡议会、温彻斯特市议会、英国铁路公司和自然保护委员会联合制定了一个铁路沿线管理规划，其后又迅速出台了一个针对整个铁路网络沿线植被的管理导则。最近，从维多利亚通往盖特威克的铁路廊道，通过寻求处理沿线管理问题的合作得到了提升。该项目为铁路廊道种植了新的树木，并为植物的种植和管理制定了指导准则。其目标包括促进当地居民在环境变化过程中的参与、打开观赏美景的视野，以及减少树叶掉落在铁轨上的可能性（National Urban Forestry Unit，2000b）。最近出现了铁路沿线树木被砍伐的报道，例如谢菲尔德，英国铁路线路公司为大规模伐树行动给出的理由是："铁轨上的落叶。"这引发了当地的公愤，因为当地社区能够体验到的环境效益会遭受损失。不同于上述案例，该行动并没有努力为这段通往南约克郡的铁路做出一个完整且合理的管理规划。

道路上可以看到的景色也需要得到考虑，因为事实上驾车可以被看作一种充满压力的体验。由帕森斯等人（1998）完成的研究显示，不仅驾车充满了压力，就连上下班的通勤过程也能产生压力。此类通勤压力产生的问题也得到了记录，包括血压升高、工作满意度下降、由于生病造成的缺勤增加、应对某些认知测验的能力下降。因此，该研究的目的是阐明自然风景或人造景观是否会对人们的心理压力产生有益的影响，研究的假设是前者会比后者更加有益（Parsons et al.，1998）。为了尽量创造一个更有现实意义的环境，研究记录的驾驶过程包括了两类路边环境的相对精细的差别。六个生物学指标，包括心率和血压，都在实验过程中得到了监测。通过观看一场关于工作场所意外事故的电影，被试者经历了一次简单的消极刺激。这之后是一次通过数学特征进行的积极刺激，最后才让被试者进入"驾驶"过程。研究显示，在车上能欣赏到更加自然的景观的被试者的压力比那些只能观看到城市景观的被试者的压力要小。另外，以自然为主的景色可以提高被试者从压力中恢复的能力，并增强被试者应付压力的能力。

现有的城市交通廊道为提高道路周边可欣赏景色的品质，以及维持野生动物栖息地，已经在英国的一些地区，通过体系化的种植得到了承认。城市森林的引入是应对这一问题的方法，通过发展一级和二级公路以及铁路沿线的战略化种植。英国西米德兰兹郡的"高速公路周边林地

100 计划"包含三个目的。

它们是：

通过尽可能增大公路范围内的林地覆盖，提高穿过西米德兰兹郡的主要交通路线的环境品质；为在公路周边生活和工作的人群改善环境；以及为城市森林示范一个战略途径。

该计划于1992—1996年间开展，其中包括土地利用现状调查、与土地所有者协商、社区咨询和参与、设计和实施，而所有这些都由合作资金提供支持。该项目取得的多项成果包括：在56个不同场地上新建的63公顷林地；包括学校学生在内的4 000位当地居民，都参与了种植作业；林地覆盖率由7.2%上升到了9.4%（National Urban Forestry Unit, 1998）。国家城市林业局认为，在那些被公路和铁路线路穿过的其他英国城市，这种方法可以重复实践。

此外，在考虑新建一条道路时，视觉和功能十分重要。有时，一条线路适合与其他交通系统（例如铁路）保持协调一致。如果道路可能会穿过市区，那么该路线可能对城市粮食产生的影响也应得到考虑（Evans, 1986）。对许多道路方案更进一步的考虑已经不仅仅是路线的问题，但是，一旦路线已被选定，那么技术问题，例如路堑和路堤的处理，就变得十分重要（Coppin and Richards, 1986）。普什卡列夫（1960）指出，不论是乡村还是城市，在设计道路的时候都忽略了对创造优美风景机会的考虑，他认为，事实上司机对于道路和景观的观察和感知并不相同，这取决于他们通行速度的快慢。司机或者乘客并不把道路看作一个工程问题，正如许多道路设计师所做的那样，而是看作一个审美对象。一条宽阔庞大的道路可以被看作一条在景观周边松弛展开的丝带，当它在垂直和水平方向上越过乡村土地的时候，甚至会采取立体雕塑的形式。普什卡列夫继续讨论道，为了使道路在城市或者乡村景观中看起来不像异物，那么它们应该得到精心设计。这样的设计应该考虑道路在横向和纵向两个方面可能对景观产生的影响。

所以，很多人都在日常城市生活中体验到了道路、铁路和运河等线性路径。这个社会需要解决的问题是，这种体验的质量到底是什么？对于大多数情况来说，这种体验由交通、油烟和晚点的火车所主导，而且人们几乎从来没有给予这些铁路交通系统所处的空间环境一丁点的关注。然而，此类城市空间中的植物可以对改善城市气候产生显著的贡献，正如本书第三章所讨论的那样；而且还可以对心理健康造成有益的影响，因为提供自然元素而不是城市元素的景观，能够减少生活压力，正如第二章以及本节前述内容所讨论的那样。那些得到良好规划、设计和管理的运输及河道系统空间，可以为城市区域提供多种效益。

消　遣

林地

几位著名学者已经探讨过英国景观的历史，在他们的论述中就包含了关于林地的情况（参见 Hoskins，1955；Fairbrother，1970；Rackham，1986）。很明显，自最后一个冰河时代结束，大约是公元前12000年，除了一些荒地、一些山区的草地、海岸带的沙丘和盐沼地区，不列颠群岛的森林覆盖一直在增加（Rackham，1986）。树木进化出了最顶级的类型，包括橡木和榉木（Fairbrother，1970），直到大规模的人类活动开始对景观产生影响（Rackham，1986）。掌握了狩猎和采集技术的人类，可能已经开始发展出一些管理植被和它们赖以生长的土地的方法，但这种影响，总的来说，微乎其微。而更大的影响，大约产生于公元前4500年，自此开始，庄稼和牲畜被引入了农业生产之中。之后的3 000年里，大面积的林地变成了农田或荒地（Rackham，1986）。拉克姆指出，在古罗马时代，木材被制作为木棍和木杆，不仅被用于建筑、桥梁、船舶的制造，还在浴场、砖块、供暖火炕、玉米处理器具、铁、铅和玻璃的发展中起到了重要作用。在这一阶段，木制品不仅仅影响了景观，还影响了国家的经济。

《末日审判书》（*Doomsday Book*，也被称为《土地赋税调查书》）清晰地表明，英国的景观并不完全是林地；事实上只有15%的国土被记录

101

为林地（Fairbrother，1970；Rackham，1986），正如盎格鲁-撒克逊宪章里的证据所证实的，其中记录了许多木材的使用信息，例如矮林作业，木棍、木炭和木材的供给和运输等。拉克姆认为，尽管农业技术已经有了很大的进步，但这段时期的林地分布并没有与罗马时代截然不同。直到1350年，英国只剩7%的国土还覆盖着森林，这已经成了一笔重要的财富，通常可以收获比农业用地更大的经济回报——也是边界变得十分重要的一个原因。1350—1850年间，林地得到了有效保护，以免被其他用途的土地侵占，这部分是因为其经济和社会价值（Rackham，1986）。在之后的近200年里，重工业的发展，例如钢铁、玻璃、皮革、造船等，导致了对木材的大量使用，尤其是在技术革新之前，这种影响特别是在皮革和造船等行业中能够被深刻体会到。拉克姆发现，在19世纪，木材在一定程度上与现代经济联系在了一起，且煤炭价格和农业生产方式的变化都可能对林地产生影响。到了20世纪，很多树木遭到砍伐，以满足两次世界大战以及战争造成的社会动荡所产生的需求。但是这种采伐并没有破坏林地，几乎所有1870年的古老林地直到1945年都仍然存在（Rackham，1986）。起初，林业委员会对森林地区几乎没有产生什么影响，但是在1945年之后，树林开始被视作荒地，而已有的植被也由于经济原因遭到破坏，并被人造园林替代。随着林地保护意识的提高和农业的

图7.6　树林是散步的好去处

衰退,如今,林业相关企业、林业管理局和国家信托组织都对林地产生了积极影响(Rackham,1986)。

有许多环境、经济和社会方面的效益来源于城市地区中的林地和树木,而且对其中的一些效益的认可和实现并不新鲜,也接受过检验。大约在1810年,杜德里伯爵在杜德里市的鹡鸰巢村和城堡山进行了土地再生项目,而这启发了米德兰再造林协会(MRA)。黑乡过去是重工业地区,位于英格兰北部的伯明翰,拥有大量被采矿破坏的广阔土地,以及重工业导致的严重的空气污染问题。米德兰再造林协会(MRA)成立于1903年,并在各种土地上种植树木:自有土地,私人和公共土地,包括学校操场在内。这些树木往往会在苗圃中从种子开始培养,并由当地的志愿者进行种植。该协会还制作了相关小册子,组织了幻灯片讲座。在协会存在的23年中,其在32个不同的地方新种植了超过40公顷的林地(National Urban Forestry Unit,2000a)。

可以被称为"现代城市森林"的城市开放空间,似乎于20世纪60年代起源于北美和加拿大,并大概在20世纪80年代才传播到英国(Johnston,1997)。马瑟韦尔城市森林工程,于1982年在靠近格拉斯哥的一个地方发起,这是一项合作开发计划。合作伙伴给予的支持过于多变,且当地社区并没有真正参与进去,导致这个城市森林的所有潜力没有得到有效发挥。另一个主要的城市森林项目,位于伦敦市的陶尔哈姆莱茨区。该项目会在五个示范点进行种植,但由于聘用了合同工人,员工之间的关系比较紧张,而且因政治介入导致变动,意味着项目的效果不会像它可能达到的那么成功。

在1986年,伦敦森林项目得到了构想。该项目三个目的:

- 让伦敦市民共同协作,在最需要的地方种植树木
- 为了提高伦敦市民对于首都树木的意识、欣赏和责任
- 为了鼓励市民参与公共所有土地上的树木的种植和护理

当地政府、企业、媒体的合作,各种各样的志愿者组织的建立,以及

102

一系列高知名度的媒体活动，成功地提高了人们对于此项目的关注。尽管受到资金、人员问题，以及1987年10月发生的飓风的困扰，伦敦森林项目仍然种植了超过五万棵树，并筹集了一些赞助，而且在结束之前号召了数万伦敦市民参与了活动（Johnston，1997）。

1989年发起了一项"社区森林倡议"，其试图在"英格兰和威尔士的主要城市的郊区"创建十二个新的社区森林（Johnston，1999）。这一倡议的主要目的是对城市边缘地区的废弃土地进行再生改造，并提供消遣和就业的机会。该方案还准备在米德兰兹建设新的国家森林，一个更大并且可以覆盖更多农村地区的社区森林。1990年，黑乡城市森林机构成立，并得到了广泛的赞助支持。该机构的目的是"在遍及黑乡地区的工业景观中进行广泛种植，以此为手段改善该地区的土地结构和公众形象，并鼓励外来投资"（Johnston，2000）。其他的城市林业项目也得到了有效发展，通过不同的形式，在不同的地点，包括米德尔斯堡、爱丁堡和格拉斯哥。此外，牛津是"国家树木监管计划"的早期支持者。该计划作为促进现有树木养护以及社区参与的政策的一部分，提供了树木种植和维护方面的培训机会。利兹市也推进了一项开发城市森林的计划，包括使用木屑为燃料的锅炉为温室加热，以及为当地的公园生产座椅和栅栏（Johnston，2000）。

国家城市林业局成立于1995年，作为一个慈善组织，它致力于提高人们对于树木能对城市地区生活质量做出的积极贡献的认识。该组织与英国各地的合作伙伴携手工作，以帮助个人和社会了解城市树木和森林产生的诸多益处。国家城市林业局对城市树木和森林进行了定义，包括成组的树木、花园中的树木以及行道树。该组织还通过一系列的出版物、案例研究和会议等，为在这个专业领域工作和任教的人们提供支持，同时也为城市森林的发展寻求战略方针，并希望以此营造一个焦点，让英国国内更多地关注城市林地相关事项。最近的一个由国家城市林业局推动的策略是绿色廊道项目，即使用树木和森林来创造一个更加绿色的伦敦泰晤士河廊道（http://www.nufu.org.uk；最后访问于2002年5月2日）。

城市居民对林地和树木有什么感觉呢？谢菲尔德的罗列斯通森林，距离市中心不到五公里，数以万计的当地居民可轻松抵达，这个森林成 103 了一个研究项目的目标，该项目试图了解社区对于当地森林的感觉。通过观察、访谈以及对当地居民挨家挨户的采访，研究发现森林对于当地社区十分重要。该项目记录了人们的日常生活：森林可以是早晨上学或上班的捷径，可以遛狗、悠闲地散步、教育学习，以及开展一年中不同时期的各种游戏活动。儿童和青少年表现出了不同的使用模式，女孩会在道路的边缘或者沿着道路玩耍，而男孩更可能会跑到远离道路的地方玩耍，并深入森林之中，且年龄越大越是如此。事实上，当地青年俱乐部的领导者承认，年轻人充分地利用了树林，在那里他们可以进行许多其他地方不能接受的活动。或者，正如一个男孩所说的，"没有人追着我们从森林中出来"（Tartaglia-Kershaw, 1982）。有些人记得自己还是个小孩的时候就非常喜欢这些树木，所以他们会接受儿孙们如此享受这些树木提供的机会。很显然，研究显示，对于此地的居民来说，树木是生活的重要组成部分，此外，它还有助于塑造地方感和社区历史（Tartaglia-Kershaw, 1982）。

因为上千年来林地提供的诸多益处，林地、森林，甚至个别树木都嵌入了西方文化之中，但是在儿童时期，它们往往具有负面的含义。格林童话中的奇幻森林历险记、小红帽的故事，甚至是树梢上的婴儿，正如童话故事和童谣中所表达的那样，它们都是负面的，伴随着不好的事情发生，还会让孩子们反复想起。然而，全国各地正有越来越多的人们在努力开发社区森林，其中的一些也会连接到现有的城市森林区域。人们已经发现，林地区域作为乡村消遣活动场地具有重要的价值（Burgess, 1996），在没有进一步研究的前提下，我们也可以假设城市地区的林地具有相似的价值，例如为接近自然的体验提供机会，正如本书第二章所讨论的，并且有助于散步——步行或者遛狗——以及玩耍。然而，林地的负面内涵在一定程度上得到了博杰斯（1996）研究的证实。女性会担心自己成为男性犯罪的受害者，以及迷路，并出于上述原因而恐惧在夜间外出。男性会担心自己成为暴力抢劫犯罪的受害者，不论是个人还是团

图7.7　高尔夫球场在城市环境中正变得愈加流行

伙的强盗,而十几岁的男孩对于黑暗也会感到恐惧。亚洲人和非洲裔加勒比人女性即使是同家庭成员一起,也会感到恐惧。因此,树林地区存在着引发恐惧的可能,这也导致个人、家庭或团体使用一个城市区域中的林地的程度,将会取决于他们实际感受到的恐惧,与在此类城市开放空间中能够体验到的效益之间的平衡。

高尔夫球场

　　高尔夫球场是一种特别的体育设施,它通常不会被包含在一个空间之中——例如公园——但它们自己本身就是一种独立的开放空间。

　　人们普遍认为,英国最早提及高尔夫的是一张绘画图像,在格洛斯特大教堂的彩绘玻璃窗上面。这个窗户在教堂的东厢房,由托马斯·布罗德斯通爵士委托制作,为了纪念他在反对法国的克雷西战役中阵亡的战友们。该窗户被认为制作于1340年,比这项运动的第一次书面记录早一百多年(Pitkin, 2002)。"高尔夫"(golf)一词的起源被认为是德语单词"科尔贝"(kolbe)以及荷兰语单词"科尔夫"(kolf),其含义是木棒。如果词源是正确的,那么高尔夫实际上指的是"木棒的游戏"。最早的文字记载出现在苏格兰,该地一般公认是高尔夫的故乡。至于这项运动何时第一次进行,不论是在英格兰还是苏格兰,都没有明确的记录,但是人

们认为它可能源于一种"罗马人的淳朴消遣"。它显然成了15世纪中 104
叶,詹姆斯二世统治时期的流行运动,因为1457年的法规取缔了高尔夫,
"担心它会影响到更重要的射箭技能"。这个时候,弓箭是欧洲战争中最
重要的武器之一,不论什么事情影响它的练习都会遭到反对。(更早的例
子还有1424年禁止足球的行动,但没有提到高尔夫,因此大家普遍认为
高尔夫的普及开始于15世纪初。)这项运动在英格兰北部和苏格兰尤其
受到欢迎。在詹姆斯三世和詹姆斯四世统治时期,苏格兰议会再次禁止
了高尔夫球和足球(Clark,1899)。

　　随着火药作为军事武器在苏格兰得到发展,弓箭的重要性开始减
弱,针对高尔夫球的限制逐渐被废弃。这项运动再次变得流行起来,并
成为"全国各地的贵族和绅士们最爱的消遣活动"(Clark,1899)。甚至
当时的英格兰皇室也接受了这项运动的乐趣,英王查理一世"极其喜欢
这项运动"(Clark,1899)。在布莱克西斯高尔夫俱乐部留存的证据可以
回溯到1766年,该俱乐部被认为是这项运动在英格兰的第一个场所。老
曼彻斯特俱乐部被认为是新时代的第一个俱乐部,在19世纪初期,许多
这样的俱乐部开始得到组建(Cobham Resource Consultants,1992)。

　　随着这项运动的普及,许多高尔夫球场都在全国各地得到兴建。比
较常见的位置包括沿海地区和农村地区,但高尔夫球场已成为城市地区
的重要开放空间,而且往往处于大都市的边缘地带,正如我们将在斯托 105
克利高尔夫球场案例中看到的那样。

　　高尔夫俱乐部根据所有权和控制权分为各种类别:拥有球场型、
市政设施型、商业服务型以及联合经营型。英国的高尔夫球场大约占
据国土面积的1.5%,而且按人均来算的话,乡村地区比城市地区更高
(Cobham Resource Consultants,1992)。总共1 450个"标准长度的"九洞
和十八洞球场中大约四分之三是由会员俱乐部控制的,其余四分之一则
是市民和商业球场各占一半。

　　这似乎有理由认为,大多数市政设施型球场都在城市区域中,因
此,了解一些使用这类设施的模式会十分有趣。大多数市政设施型球场
的使用者都是个别的当地居民。他们使用这些设施进行锻炼和放松。

图 7.8　墓地——追思逝者的场所

1980—1990年间，高尔夫球每年的比赛场数增加至50 700场，这显著高于会员俱乐部的比赛场数。这项运动的耗时性质是众所周知的；平均比赛时间为3小时45分钟，而总时间，包括出行、准备和一场比赛后的放松等，大约需要6小时（Cobham Resource Consultants，1992）。大量新球场已经建成，还有更多的球场正在规划中。这项研究由英格兰体育理事会开展，似乎有理由认为，打高尔夫球的人的数量，尤其是在城市地区，自1992年以来增加得更多了。

因此，高尔夫球场为大量的城市居民提供了放松和锻炼，以及改善精神和身体健康的机会，正如第二章所讨论的那样。此外，高尔夫球场将在一定程度上有助于城市地区气候和环境的改善，虽然这种大面积的、几乎被全部修剪了的草地能够产生的野生生物和环境价值非常小。然而，这些空间对于城市结构来说十分重要，尽管它们对于不打高尔夫球的人来说不是很明显。高尔夫球场一般都不会位于市中心，而是大多在郊区和城市边缘的绿化带里，尽管如此它们仍然是城市结构中的重要组成部分。

公墓

在我们俗世生命的尽头，当我们死去之时，可能会认为墓地是重要的；但它们在其他时间里也很重要。对于一些人来说，它们是亲友去世后的疗伤之所；而对于另一些人来说，可能只是一个游览之地（Hoyles，1994）。

千百年来对逝者的纪念，最初往往是以坟墓的形式，且通常位于景观中的突出位置（Nielsen，1989）。在许多国家，坟墓会被其他宗教埋葬区域所取代；在英国和欧洲的大部分地区，这就是基督教公墓的发展过程。此类地标性场所越来越多地纳入了纪念碑，以及精心设计的植被，尤其是树木。在英国，教堂庭院被用于埋葬逝者，直到维多利亚时代，公墓才第一次出现，后来更是成为家人们周末散步的一个去处（Weller，1989）。这些早期的公墓通常被布局在一个几何网格或者一系列几何单元中，通常呈阶梯状（Elliott，1989）。在19世纪后期，这种富有特色的设计遭到了质疑,原因在于公墓中的植被出现了向现代化风格转变的趋势。此外,19世纪时期还引入了无教派墓地(Nierop-Reading,1989)。英国第一个此类无教派色彩的墓地是诺维奇的洛萨里公墓。该公墓采用了一种宁静的景观花园设计,并引入了纪念碑和大量的落叶乔木。在19世纪的最后二十五年里,落叶乔木代替过度阴郁的针叶树木成为主流,并得到了大量的应用。

107　　　在英国,教堂庭院作为主要墓葬场所的时代终至尽头,这是由于越来越多的公墓被建设在了城镇和都市的边缘,如今则都被包含在城市边界之内。这个变化的出现是由于考虑了和尸体相关的健康问题,以及内城地区对于墓葬空间的缺乏(Rugg,1998,2000)。在20世纪,公墓的供给开始减缓,尸体火化的增加导致了新的变化,对火葬场的需求正逐渐增多。地方政府承担起了公墓的责任,同时相应的成本被转移到了纳税人的身上(Weller,1989)。自20世纪80年代以来,地方政府预算的紧缩意味着遍及英国的许多公墓的维护水平都会下降(MacIntyre et al.,1989),尽管有些人认为在20世纪的最后二十年中,市民的公墓得到了过度的维护(Rugg,1998)。也许这个问题,实际上更多的是与维护和管理的方式,以及人们的观念和期望相关。最近,对于存放火化之后的骨灰的场所空间的设计正变得十分重要。景观设计师对于这类纪念性场所的处理可能会有不同的方法,但是为生者创造一个可以宁静沉思的空间一定是必不可少的(MacIntyre et al.,1989)。

　　　到了20世纪末,一种林地墓葬趋势开始发展起来。在某些情况下,人们会希望在不含宗教色彩的背景下纪念亲人的过世,同时也有环境方面的考虑,因此这类仪式活动也越来越多地采取了林地墓葬形式。英国的第一个生态墓葬项目发起于卡莱尔市,并且就在当时的卡莱尔公墓之内,该设计在1995年得到了城市议会的批准。林地墓葬的概念在一份提供给公众的小册子上得到了详细解释。最初总共布局了96座双人墓穴,树木——主要是橡树,已经由当地的小农场主完成种植。对这种类型的墓葬的需求超过了所有人的预期,在项目开展后的第四年,卡莱尔公墓中35%的墓穴都被安排在了林地区域。因此,可用的林地墓穴数量也发生了增长。林地区域的墓葬已经发展出了一种精神上的重要意义，并且体现在了某些殡仪服务方面。1998年，该公墓获得了英国最佳公墓的年度奖项（National Urban Forestry Unit，1999b）。

公墓可以起到至关重要的作用，特别是在"封存一个地方的具体和独特的记忆和历史"方面（Worpole，1997）。某些埋葬在公墓里的个人也是如此。著名人物的墓地在历史学科领域提供了教育学习的机会。一些地方团体十分热衷于参与当地公墓和教堂庭院墓地的维护（Parker，1989），而这些空间也往往被认为是保护野生动物的理想地点（Wright，1989）。事实上，墓地可能存在的许多好处，除了埋葬逝者，在多年以前就被劳登指出过，他认为，适当建设的公墓，"可能会成为一所学校，可以教导建筑学、植物学以及普通园艺学中的重要内容：整洁、秩序以及维持"（Loudon，1981）。

公墓可以提供在墓碑周围进行探索的机会，不论是出于当地历史或者艺术方面的兴趣，还是想要追踪家谱。此外，传统的教堂庭院中的墓地可以提供"一个生命的线索，并可以通过想象加以充实"（Dicker，1986）。但是，许多市民公墓的布局都十分刻板，通常是空间有限造成的结果，且不一定包含偶然使用的目的。公墓和火葬场应该是宁静的场所，并为那些偶然的来访者提供寻求平静的机会（Dicker，1986）。此外，还有可能提供一些其他活动的机会，例如在一些历史公墓中组织散步活动等。

尽管很少有实证研究能够证明，墓地或者火葬场在哀悼过程中的重要性，但是这些地方确实可以成为追思逝者的中心，让朋友或者亲人一起聊天或者照料坟墓或纪念碑（Clegg，1989）。一个得到精心设计和维护的场所，不仅可以提供一种良好的形象，而且还可以提供私密性和心理健康水平，从而帮助改善那些失去了亲人并正处于悲伤之中的人的精神面貌（Flora，1991）。出于这些目的，公墓和火葬场也可以作为康复景观，它们有助于缓解人们感受到的失去至亲的痛苦。通过前往墓地或者火葬场，来表达对逝者的尊重的重要性也得到了伍德斯塔（1989）的强调，他指出，荷兰总人口的三分之一，每年都会前往这些地点一次。很多

108

图7.9 公墓——可以欣赏戏剧的场所

学者都在反复强调,墓地作为一个重要的平静和沉思的地方,为人们应对悲痛发挥了重要作用(例如Stockli, 1997)。更进一步的看法认为,墓地并不是为了逝者,而是为了生者存在的,这一想法也反映在了马里兰州哥伦比亚地区最近开发的墓地的设计上。该墓地被设计成了一个华丽的森林公园——设计师试图让人们觉得他们是在围绕着一个植物园漫步,而不是在墓地里边。该方案的设计特点包括在开阔场地中的人性化空间、复杂的墓地选址和布局方法(而不是标准的网格形式)、对建筑形式的细致推敲,以及拥有质朴座椅的冥想空间。总体来说,开发商的目的是帮助人们"忘记他们正在墓地中"(Nugent, 1991)。

在英国,如何处理逝者的身体,以及朋友和亲人在未来将会以何种方式进行哀悼,可能取决于许多不同的因素。似乎有越来越多的人开始选择绿地和林地中的墓地,而其他人则会继续选择传统的墓葬和火化。所有这些选择都需要对土地进行规划、设计和管理,对于这些用地的提供,理应纳入统一发展规划和地方当局的战略中(Worpole,1997)。

　　公墓、坟地和林地墓葬提供了许多改善气候和环境的机会,同时也为城市环境中的野生动物提供了栖息地,因为这类空间往往存在程度较高的植被覆盖。此外,很清楚的是,提供释放悲痛情绪的机会,可以帮助个人和家庭恢复心理健康。而墓碑和纪念碑提供了一些进行教育学习和探索历史的机会。因此,公墓、坟地和林地墓葬不仅仅是在生命的终点十分重要;对于一些活着的人来说,它们也是很重要的地方,可以帮助这些人应对悲痛以及生活中的其他问题。　　109

第八章 一种新的城市开放空间

生活品质——可持续城市的挑战

政府正在呼吁可持续城市的理念，而城市中60%的新建住宅都需要被建造在废弃或者使用不足的土地上，这对于城市居民的生活品质意味着什么呢？高密度的住宅区确实可以为培养社会和社区意识做出贡献，因此可以算是一种好的事物。可持续城市的概念可以给出一种美好温暖的感觉，但是这个理念的实际状况是什么样的呢？这是否只意味着一个没有开放空间而且非常密集的建筑形式呢？这能带来什么样的效益呢，尤其是当我们已经通过本书的第一章到第四章清晰地看到了，个人和社区可以从城市区域中的开放空间收获许多社会、健康、环境和经济方面的效益时？

有人认为，开发会导致城市居住需求持续扩张，而且开放空间可以被看作一种很容易开发的资源（Eckbo，1987），这显然忽略了它所蕴含的内在价值。对于一些人而言，一块土地的经济价值或者潜在的经济价值，取决于它拥有的规划许可类型，这比开放空间能提供的益处更加重要。但是，他们的这种观点是对的吗？这些人有没有考虑过人们的生活品质问题？我认为，城市中那些建筑开发最为密集的地方，中央商务区以及内城，那里的生活和工作压力水平都是最高的，因此对于使用开放空间提高人们日常生活品质的需求也是最高的。

在本书前几章中得到讨论的一些益处和机会，一般说来，并不新鲜，尽管可能对于一些个人或者组织来说，它们是许多开放空间得以开发，以及在西方世界的工业化进程中存留下来的重要原因。对公园产生的效益的一个总结——推测是在19世纪,由一位景观设计师、一位出于环境和健康原因的公园支持者,以及一位自然主义者达成的共识(Danzer,1987)——仍然可以应用到本书所讨论的许多城市开放空间中。

1. 人类需要与自然环境接触以保持身体、情感和精神方面的健康。

2. 工业城市的发展,在很大程度上破坏了自然环境,给民众造成了损害。

3. 公园(公共开放空间)具有一项使命,即带回自然的益处,为每一位公民提供在自然景观中漫步穿行的机会。

4. 在多大程度上城市可以提供这些机会,以及在多大程度上城市应发展开放空间以满足市民的需求,是衡量民主发展的方法。

尽管存在一些局限性,但是这些论述可以帮助我们了解到,许多开放空间的益处已经在很长一段时间被当作真理得到接受。

英国首相谈到了一种"再生过程的良性循环"(Social Exclusion Unit, 1998),而且这种循环中必须包括城市开放空间的供给、规划、设计和管理。这种对开放空间的有效建设,以及其所提供的潜在的益处和机会,对于城市社区再生十分重要。如此一来,个人和社区的生活品质都会在尽可能多的方面得到提高。

很多的开放空间都得到了社区中的许多成员的喜爱——也许比城市再生项目的决策者和投资人更多。我们理应认真地肩负起我们对于城市开放空间的责任——回归到城市开放空间的管理维护观念。

城市开放空间对于每一个人的日常生活都十分重要,不论你是儿童、少年、年轻的母亲、父亲或看护孩子的人、丢掉了工作的人、从事着一项枯燥职业的人、面对着一项紧张工作的人、在一家医院看病的患者、退休的人,还是监狱里的犯人。在人生的每一个时期,多种多样的开放空间所能提供的效益和机会都可以提升你的生活品质,不论它们是家庭 110

的、邻里社区的，还是公共的。也许它是花园，或者是学校操场、自然绿地、公园、当地的运动场、毗邻办公楼的广场，又或者是一个从医院、办公室或者监狱的窗口能够看到的美景，它们都可以为你带来这些益处。无论这些当中的哪一个是你的日常生活，而且研究也证明了这一点。如果你有机会到达，或者能够看到，甚至仅仅是知道有一个特定的开放空间在那里存在，你的生活质品质都将得到提高。为了使这样的开放空间可以得到精心设计和维护（这里已经没有足够的篇幅去讨论精心设计或维护的含义），社区应当对这些空间需要的资源进行仔细的考虑和协商。

那么，是什么阻碍了这个概念帮助我们提升城市生活品质呢？我认为，这主要是因为当我们在提供一个很好的城市开放空间网络系统时，缺少了相应的知识或者对知识的确认。毫无疑问，一些城市，例如伦敦、布里斯托尔和谢菲尔德，确实拥有现存的正式和非正式的开放空间系统。但是它们目前的品质以及与21世纪的适应性又如何呢？政治的优先级，包括分配给它们的财务是怎样的？当然，住房、学校、医院十分重要，但是它们的开放空间也是如此。从未有研究分析过，当一个被精心设计和管理的城市开放空间系统得到提供之后许多因素会有怎样的变化结果，如逃学率降低，行为和犯罪得到改观，健康也得到改善等。一些案例研究被汇集在了本书之中，但是我并没有事无巨细地详尽讨论这些主题，它们清楚地表明了，城市中的个人和社区生活的许多方面都可以通过开放空间的存在而得到改善。

最近，政府已经开始提出要以研究主导政策。本书中，我展示了一系列的证据，从不同的学术和专业学科出发，讨论了许多影响城市居民日常生活的各种问题。而所有的这些讨论都表明，开放空间城市日常生活中发挥着重要作用。

前进道路上的工具和方法

那么，有什么能帮助开发城市开放空间的这种潜力呢？需要哪些工具？

目前，城市开放空间的规划、设计和管理，在一定程度上依靠的是一系列城市再生项目的经济资源，例如专项再生财政预算、遗产彩票基金。政府也会提供资金支持，程度或大或小，通过英国环保志愿者基金会、公民信托基金、农村发展委员会、基础信托基金以及全国城市农场联合会资助城市空间再生项目。我们不能忘记在英国国内的一些社区里，开放空间已经在"21世纪议程"的支持下得到了有效发展。在此基础上，住宅行动区、教育行动区以及健康行动区等规划都可以被认为是支持开放空间再生或管理的机会。

但是，在许多情况下，此类项目想要获取开放空间的建设资金，只能通过项目官员，以及那些利用创新的方法处理城市开放空间的注册景观设计师的特别辛勤的工作达成。它一直都不是一个跨学科的战略方针的成果。

标准支出评估（SSA）——由国家政府提供给地方政府的资金——可以帮助城市开放空间寻找经济支持。可以修订SSA，并将开放空间列 111 为一个独立的类别。究竟为什么把高速公路的养护列为了SSA中的一个特殊类别而开放空间没有？后者为社区提供了实在太多的好处，而前者也许有助于车辆运输，但代价是什么？生活压力，再加上环境污染事故，会导致很多人死亡。

这里也需要对那些拥有很好的技能和经验来支持和完成这项工作的人，致以谢意。景观设计这门专业的重点，在于开放空间的规划、设计和管理，其大量工作都是关于如何为城市再生提供一个跨学科的综合方法。项目官员、公园管理员、在公园和开放空间工作的员工，以及其他许多人，如果拥有足够的资源，都对城市开放空间的活力和运转做出过贡献或者能够做出贡献，也正是因此，我们的城市社区才能收获如此多的效益。

我的请求是，政治家们，企业、体育、卫生和教育机构的从业人员们，属于不同社会阶层的各种人群以及相关的专业人士，应当一同努力，以确保开放空间能在所有的城市区域为生活品质的提高做出贡献，从农村到城镇，从海滨历史小镇到庞大的现代都市。促进开放空间项目，为它们的设计、开发、再生或管理提供资金。在这些项目中保证公众参与。在合适的地点提供适当类型的开放空间,以地方特征为主题进行设计。随着城市和乡村地区开始应对住房存量的必要扩张,请让我们不要成为一个剥夺人们的(各种高质量的城市开放空间可以为日常城市生活提供的)利益和机会的国家。我们应该为我们的孩子,以及我们孩子的孩子着想。不要忽视这个问题,因为它是可持续发展途径的一个最为基本的部分。作为一个社会整体,忽略这一点是非常危险的。

因此,对于政府、社区和整个社会来说,这一全面挑战的关键在于重新确认城市开放空间可以提供的诸多效益和机会——在社会、健康、环境和经济各个方面。也应当重申一个事实,即个人和社区都会因为许多不同的原因而十分珍视他们的城市开放空间。此外,这些空间的品质需要得到提高,以适应我们目前所处的时代。

在我完成本书的文字撰写的那个星期,我发现了一个很有意思的情况,政府的城市绿色空间工作小组发布了最终版的《绿色空间:更好的场所》(Department of Transport, Local Government and the Regions,2002)。这一报告是城市绿色空间工作小组辛勤努力的结果。此外,该报告也借鉴了与该研究同时进行的其他专题研究(Dunnett et al.,2002)。这份报告令人耳目一新,它确认了公园、游乐场以及绿色空间的重要性,因为它们为城市生活提供了诸多益处和机会。该报告还确认了一个事实,多年以来,城市公园和绿色空间一直在减少,而且极度地缺乏资金投入。它接着提出了关于"城市复兴的计划建议,由国家和地方政府牵头,联合当地社区、企业、志愿者组织以及其他利益相关者,共同努力创造一个包含公园和绿色空间的城市区域"(Department of Transport,Local Government and the Regions,2002)。

《绿色空间:更好的场所》分为四个部分。第一部分证明了公园和绿色空间仍然在城市区域颇受欢迎,讨论了这类空间能给社区、城镇和都市带来的益处,并着重强调了它们为城市的宜居性做出的重要贡献。第二部分讨论了当下针对城市公园的一些较为焦点的问题,并介绍了对于这些问题的一些解决方案。这部分内容还讨论了合作关系可以有效提供社区所渴求的高质量空间,因而具有十分重要的价值。就此而言,报告建议在未来五年中至少每年要投入额外的一亿英镑来资助开放空间。此外,该报告还建议成立一个新的国家机构来推动城市公园和绿色空间的发展,并就相关管理人员、员工、社区成员以及合作伙伴的培训和技能发展提出了建议。报告的第三部分证实,为了提升绿色空间的质量,政治和战略的网络系统需要落实到位,而且"规划师、设计师和管理人员需要充分地认识到当地社区对于'理想的'绿色空间的定义"(Department of Transport, Local Government and the Regions,2002)。最后,第四部分提出,公园和绿色空间应当作为可持续宜居大都市的总体愿景的一部分。它为一些议题提出了通用的标准,例如精心而明显的护理,也讨论了地方政府和国家政府之间需要进行联系的事实。

112

其中的许多议题,以及"17号规划政策导则修正案",现在名为"开放空间、体育及消遣规划导则",虽然有些姗姗来迟,但是在政治领域广受欢迎。

2002年10月,政府在伯明翰城市峰会上,通过出版物《生活空间:更清洁、更安全、更环保》,回应了城市绿色空间工作小组的专题报告。回应证实了高品质的公园和绿色空间对于人们的生活十分重要,尤其对于贫困地区来说,这一点在地方战略合作机构(LSP)提出的邻里社区复兴战略(NRS)中也得到了确认。该战略提出了关于资源分配的建议,包括如何使彩票基金被更好地投入到绿色空间上,支持在"17号规划政策导则修正案"的范围内对第106条协定有更多的使用,以及在商业促进区内为绿色空间投入资金等。由于这本书的出版,有两项建议即将得到实施,希望能够产生比较显著的影响。首先,战略推动者计划正在建立,以帮助地方政府"制定综合的方法来规划和管理绿色空间"。其次,政府正试图在英国建筑与建设环境委员会(CABE)内部,为城市空间建立一个新的机构。这个机构,被称为CABE空间,预计将会在2003年4月设立,其职责范围包括:

1. 在提高人们的生活品质以及推动城市复兴的过程中,把城市公园和绿色空间的角色置于最高地位。

2. 与相关的政府部门和机构、志愿团体和资金提供者紧密合作，以提高协作水平，以及计划和积极性的传承。

3. 在国家和地方层面上，提倡公园和绿色空间的更高优先等级和资源需求，为经费支持等议题提供建议。

4. 加强现有的，并促进和刺激新的伙伴关系，以提高绿色空间项目所涉及的志愿者、私人机构以及当地团体的参与。

5. 促进和发展技能和培训需求，以更好地传承和支持上述改进。

6. 开展研究，开发新的信息和质量标准，并进行良好的实践。

（Office of the Deputy Prime Minister，2002）

当你读到这里的时候，我希望你已经可以看到这些建议产生的成果。

也许最终，我在本书开头所表达的那些希望已经快要实现了。很显然，社区成员们都十分珍视他们的城市开放空间，但是我们可能已经更接近于一个时刻，此时政治家、资助者和决策者都将明白城市开放空间对于人们的日常生活极度重要，并且需要资源、战略和意志力来保护和强化这些空间以及它们为城市生活带来的诸多效益。

113

第三部分

城市开放空间——案例研究

导　论

　　本书第三部分是针对城市开放空间的案例研究。核心设计团队都是注册景观设计师。这部分是为了回应那些认为本国没有优秀设计师的言论。我并不敢保证所有案例都是最佳实践——因为撰写此书并非为了界定最佳实践。另外，大部分项目设计团队可能并不知道本书第一、第二部分讨论过的各种论证；通常，在景观专业领域，现有研究和从业者之间存在着一些知识差异。但是这些项目确实是按照实际预算和客户意愿完成的，为了提高质量还聘请了许多行业专家。

　　为使本书的所有案例都能包含注册景观设计师，写书之前我就决定要采纳那些在英国景观设计师协会中得到备案的项目，作为案例的主要来源，该协会是景观设计师、管理人员及科学工作者的专业机构。为了这一目的，我对英国景观设计师协会的所有备案项目发放了问卷。问卷询问了设计师们能想到的那些实践项目是否符合本书第二章开头部分所论述的关于开放空间的内容。在待选的二百多个可能案例中，最终选定了接近五十个案例。之后，再对剩下的案例进行分类选择，每一种开放空间各选择一个案例，并向设计师发放第二轮问卷，询问更详细的信息。根据编辑的安排，我最终选择了十六个案例。每个案例中的文字内容，都经过了相关设计单位的确认同意。

115

第一类　邻里及消遣型城市开放空间

案例1　普雷斯顿新区（兰开夏郡）

委托人	英格兰合作组织（原新城镇委员会）
景观设计师	特雷弗·布里奇事务所
初始介入	1993年11月
开工日期	1994年3月
竣工日期	1997年12月
项目造价	90万英镑（硬质工程：65万英镑；软质工程：25万英镑）
资金来源	新城镇委员会（CNT）

项目主旨

　　向居民及工人提供消遣设施，利用人行道和马车道将各类设施连接成为一个网络，在开发区之间建立缓冲区，对现有的野生动物栖息地进行提升并新建更多的栖息地。一系列地点被确定为重点区域，例如紧靠交通道路的位置、水道运河以及城市焦点。

景观设计师的角色

　　景观设计师会在项目初始阶段就参与进来，其工作包括可行116 性评估、设计、拟定合同文件，以及监督现场施工直至竣工的全部过程。

案例1.1　欣赏水塘　　　　　　案例1.2　出门散步

项目限制条件

真正的唯一限制条件是需要尽快动工。预算和时间安排比较合理。

项目的独特机遇

这些项目构成了更广泛的新城镇开发区域的一部分，与此同时，委托人对于不同的场地选择了不同的景观设计。一个经过设计的景观可能会恰好毗邻于另一种风格的景观。这样的安排为不同的设计风格和设计方法创造了可能性，但是每一个设计都必须要确保它们能与附近的场地起到互补作用。

在综合的总体规划和概要中，主要的城市开发区域都特别预留了公共开放空间。城市区域内的这一系列线性开放空间，对现有的景观元素进行了利用和提升，为这片新建的城市区域做出了很大的贡献。除了提供消遣的区域，重要的野生动物廊道也得到了保存和提升。对一系列生物栖息地的保护和优化，对人们可达性的提升，以及提供新的消遣场所，以上多种因素一同将这个地方打造成了社区的重要财富。

项目设计

在越过普雷斯顿北部边界的地方，开发一个以居住和商业为主的

案例1.3　溪流上的桥

案例1.4　一片林区

新区，其中包含一系列线性开放空间和其他公共可达区域。相关场地沿着溪流展开，一些地方位处陡峭的山谷（仍旧是未开发的状态）中，并且包含广阔的成熟林地。根据不同的环境，设计了正式或非正式的小径。跨过溪流的桥，有的比较宽敞，其余的也至少能容纳维修车辆通过。为避免行人和马匹发生冲撞，在与步道系统相平行的地方设计了一套单独的马道系统。种植大量的自然作物、改造或新建池塘，以及引入野花草地，这些工作不仅在视觉上提升了区域的形象，也在保护野生动物方面起到了很好的效果。一个绿色村庄（包含运动场地），位于已有的池塘旁边，创造出了一个新的焦点。对一条中世纪时期的壕沟所进行的挖掘，发现了有意思的考古学信息，也让这里拥有了教育功能。木材会被用在很多地方，包括桥梁、围墙、大门、座椅、路标以及保护湖岸的甲板平台。这种材料也能体现开发区的田园特色。而开发区中更偏城市的区域，则使用了染色的钢铁作为围栏和大门的材料。依据不同场地的适用情况，碎石、混凝土、石头以及树皮，都会被用来铺设路面。石头被用于砌墙和排水系统，而黏土则被用于填塞池塘。在偏重田园特色的区域使用了本地的植物，而更偏城市的部分则种植了外来品种的树木和灌丛，尤其是场地的入口和焦点区域。池塘

117

案例1.5　野花和草地

周边种植了水生植物和边缘植物,而球茎植物也被用来丰富这片区域的物种多样性。两种种植方法都得到了试验。最成功的一种是使用种子,并把表层土移除。另一种是将树苗种到现有的草地和表层土中。

合作与社区参与

由委托人负责联络,并将信息提供给景观设计师。

当前的场地使用者

对于场地附带的简介以及高质量的项目成果,委托人表示很高兴。普雷斯顿市议会评价该项目中的体育场是本市排水功能最好的建筑。

这些场地都可以很好地用于一系列消遣活动。从目前收到的评论来看，这一系列开放空间被认为是该区域住宅开发项目的一笔重要财富。

日常项目管理

在最初的两年，每一个场地的管理都由负责基础建设的承包商完成。在此期间，对场地的使用得到了严密的监控，以确定设计是否需要改善，以及设计是否可行。对于不同场地的管理，需要由英格兰合作组织（原新城镇委员会）、普雷斯顿市议会或森林信托提出管理方案，目的是保持设备的永久性，并通过共同管理及日常监控来延长设备的使用期限。相关方案包括林地管理、树木护理、野生花卉管理、灌木花坛护理、草地修剪管理、池塘和河道管理，以及对运动场地、人行道、马道、桥梁、篱笆和大门的维护，此外，还要维护训练设备和引导标识，以及回收垃圾。

118

案例2　西北花园（兰迪德诺）

委托人	康威自治市议会（CCBC）旅游与休闲部
景观设计师	布里奇·什奈斯景观设计公司
初始介入	1996年8月
开工日期	1999年1月
竣工日期	1999年5月
项目造价	42万英镑（硬质工程：40万英镑；软质工程：2万英镑）
资金来源	遗产彩票基金（75%）、康威自治市议会、威尔士旅游局、兰迪德诺镇议会，以及威尔士事务部

项目主旨

项目旨在重塑西北花园作为一个公共开放空间的重要性。康威自治市议会和莫斯丁地产（城镇中心房产的拥有者）希望通过修复这个处于衰落状态中的花园，使其成为促进该地区进一步发展的催化剂。

景观设计师的角色

最初，景观设计师仅仅被委托准备一个遗产彩票基金的城镇公园项目。但他们说服委托人采纳了一个对城镇保护区而言更具战略性的视角，将城镇保护区整体视作一个历史性濒危景观。这带来了一个更大的视角，在最初的公园方案的基础上，西北花园以及城镇中心的其他开放空间都被纳入了进来。该方案成功地筹集到了90万英镑的资金。接下来，景观设计师继续在市议会指定的高速道路工程师、交通管理工程师和照明工程师的辅助下按要求深化设计方案。随后，景观设计师约见了社区团体，并主导了设计过程中各个方面的工作（包括道路布局和硬质工程）。他们不仅需要管理项目会议记录，为建筑设计顾问和建筑专家编写摘要，还需要负责招标和软质工程的合同管理。

119

案例2.1　西北花园

项目限制条件

　　由于花园自身拥有的历史文化价值且处于历史保护区范围之内，项目对于历史性产生了较高的要求，同时，项目在各个阶段都需获得遗产彩票基金的批准。位于海边意味着夏季期间的大量游客不容忽视，同时也需要考虑如何将经营者在圣诞期间因生意中断而产生的影响最小化，这会导致合同期限比预期的要短。交易商对收入降低的担忧以及树木种植对闭路电视的影响，都需要小心处理。

项目的独特机遇

　　项目提供了独特的机遇，为城市建立了新的地标和城市景观：一条通向引人入胜的开放空间的主干道。

项目设计

　　20世纪20年代花园刚刚开放时，公园里只有一片三角形草坪、地下厕所、装饰性的低矮水泥围墙和榆树苗。最近几年,环路交通导致了公园的使用率降低。项目通过将交通引入公园一侧,将公园与邻近的商店 120 联系了起来,并保证了主干道面向保护区的视野非常开阔。增加的斑马线在各个方向都起到了改善人流量的作用。卫生间入口的上方设有顶棚,并增加了一台电梯,以便所有人都能使用。

更新后的公园形状同过去一样,虽然面积是之前的两倍,因此可以提供更多的空间用于种植树木、放置座椅或者加宽道路。围绕公园的开花灌木和多年生植物形成了公园的特色,并将交通隔离开来。增加的座椅(二十八条长椅为一组)、全新的照明设备以及树木,都沿着步行街的主干道分布,这里如今成了一个城市广场,一端是公交站,另一端是一座雕像。广场的硬质铺装区域使用了高质量的混凝土,花园的软质区域使用了彩色碎屑。因为费用较高,项目没有选用石材。

通过利用中心草坪的概念并在外围替换掉年老生病的树木,公园的遗产得到了保留。参照20世纪20年代的历史照片,对钢铁和混凝土材料的照明设施、墙壁和家具进行了修复,其中也包括材料的回收利用。为了确保方案布局和附属设施能够达到现代安全标准,对项目的局部进行了修改。

合作与社区参与

项目最初的支持者来自两次公共大会中对此表示出兴趣的居民和商人。此外,还有一些当地的商业和公民组织写信表示了支持。根据公众的反馈信息,项目设计了一条连通商店的服务通道和标注着解释信息的指示牌(包括威尔士语、英语和盲文),以及更多的季节性草本植物,目的是协助该市的"盛开的威尔士"年度投标。七名艺术家的雕塑模型展示在了市中心购物区内,并由公众投票选定。 121

当前的场地使用者

目前,越来越多的购物者会使用公园,而海滨和火车站通往市区的道路也导致了公园游客数量的增加。此外,新的厕所也吸引了不少行

案例2.2　沿着花园看到的景色

人。人们都喜欢在公园附近小憩或者散步，这已经成了各种年龄和阶层的人们都欢迎的大众活动。

日常项目管理

　　景观设计师制订了一个管理计划，并得到了当地政府机构的采纳。在这个由遗产彩票基金指定的十年计划中，对各类问题进行解决处理，例如通过树木管理促进树木生长成熟并形成绿荫。花园将允许灌木自然生长，以分隔出不同的区域，并隔离交通形成围合空间。日常管理也在计划中得到了考虑，例如垃圾的回收和清扫，以及破损道路的粉刷和122　修复。

案例2.3 历史性元素：围栏和照明设施

案例2.4 享受花园的环境

案例2.5 步行至中心区

案例3　斯托蒙特庄园(贝尔法斯特)

委托人	北爱尔兰财务和人事部
景观设计师	北爱尔兰财务和人事部,建设服务部门,景观师分部
初始介入	1996年
开工日期	1998年12月
竣工日期	1999年7月
项目造价	38万英镑(游乐设备:12万英镑;柳树墙:1.6万英镑)
资金来源	北爱尔兰财务和人事部

项目主旨

提供一个经过了仔细设计并拥有监督看护的游乐场地,不仅仅是拥有标准的器材而已,还必须包含独有的特征,发展出一种充满创造力而且与周边环境相协调的主题。为未来发展预留出一些选择十分重要。作为一个宏大项目中的一部分,将斯托蒙特庄园的环境从过去的国会建筑风格,改变成一个能被社区所有成员活跃使用的场地。

景观设计师的角色

在项目的初期就开始介入,与委托人联络并确定设施的选址、设施与道路的连接,并探讨规划的注意事项。提炼出初步的概念方案草图,编写方案报告,内容包含预期成本测算,并对其他可能会提出的专业要求给出建议。与土木工程师之间的良好工作关系自此开始,并在整个项目的施工期内持续保持。

123

对其他领域的专家提出建议,例如艺术家等。在斯托蒙特庄园内,景观设计师组织并推进了当地工作室的建立。根据工作室的意见和未来的设计发展,以及与土木工程师的协作,完成了总体方案的制定。其他的一些信息也需要景观设计师准备,包括游乐设施的建造计划,招标

案例 3.1　游乐场全景

的材料,施工、设计和管理条例所要求的关于健康和安全的规划,以及关于柳树墙的结构和雕塑特征的规范。景观设计师还安排了英国皇家事故预防协会(ROSPA)进行检查和认证。

项目限制条件

　　该场地在环境和政治历史上都被认为非常敏感。既要保留公园的视觉整体性,又不能牺牲游乐场的功能。景观内不允许设停车场。临近的跑步区不能受到干扰。其他方面的限制主要与初期的预算和进度相关。

案例3.2　滑梯上的愉悦

项目的独特机遇

通过利用现有的地形和环境,该场地提供了一个独特的机会,可以有效提高社区的游乐体验。

项目设计

1931—1972年间,斯托蒙特庄园作为议会大楼,仅对政府官员和附近的居民开放。随着北爱尔兰的政治局势发生变动,北爱尔兰事务大臣莫摩兰姆提出了对该场地进行扩建并改变其用途的想法。这促成了在100公顷的公园场地中设立约5 000平方米的游乐场的概念方案。目的是提供一种舒适、实用的设施,号召更多的社区参与。规划机构特别关注了能从附近住宅区直接看到游乐设施的可能性。此外,规划师也致力于最大限度地降低对公园历史环境造成的视觉破坏。可能对野生动物造成的干扰也是规划师高度重视的问题,在开展过程中,他们对已知的獾的洞穴进行了识别和检查。

在"柳树墙"项目的建设过程中,出现了一个机会,可以将学龄期儿童和当地的艺术家以及当地的历史保护志愿者联系在一起。项目选择的游乐设施由处理过的软木制成,在结构上具备可行性,且能尽可能多地与公园环境相协调。湿法合成材料——在某些区域为彩色的——以及树皮碎屑被用于游乐场表面,为孩子可能发生的摔伤提供了一些保护。停车场距离游乐场很远,需要通过一条穿过树林的道路。步道和多功能复合区域由石头和碎石铺成,这很受轮椅人士欢迎。

在新的设计方案中,核心元素成了自然生长的柳树墙,它为不同种类的活动提供了机会,也从外观上将游乐场中的不同元素联系在了一起。此外,自然生长的柳树墙也提供了开展环保教育学习的机会。

合作与社区参与

几所当地的学校很早就参与进了斯托蒙特庄园的设计工作室。这使得项目在初始阶段就有年轻人介入,并因此创造出了一些富有想象力

案例3.3 看世界变迁　　　　　　案例3.4 享受柳树墙

的概念。设计工作室的成果会以图纸的形式在国会大楼中展示。通过
这个过程，一些关于动物的设计，以及传音筒等有趣的设施被提了出来。　125
早在工作室成立之初，关于爱尔兰麋鹿的主题就被引入了讨论，而大型
公园的环境，毫无疑问地影响到了以动物为主题的设计方案的形成。

当前的场地使用者

目前场地的主要使用者群体是5—12岁的儿童。随着时间的变化，
以及假期之类的影响，场地的使用频率也会相应地变化，且几乎所有人
都普遍认可这个游乐场取得了巨大成功。

日常项目管理

为了确保可以继续有效地使用该游乐场，以及保护使用者和设施的
安全，针对该场地制订了一份管理计划。包括对游乐场的使用情况进行
监控。该管理计划涵盖了诸多细节问题，如儿童的看护、游乐设施的检
查、游乐区的道路情况、道路和柳树墙的维护等。管理方案由斯托蒙特
庄园实施。　126

案例4 雷德格次学校的儿童感官花园(克罗伊登)

委托人	雷德格次学校
景观设计师	罗伯特·彼得罗事务所
初始介入	1999年4月
开工日期	1999年8月
竣工日期	2000年9月
项目造价	3.5万英镑(硬质工程:3.4万英镑;软质工程:1千英镑)
资金来源	雷德格次学校和当地商业机构

项目主旨

提供并拓展特殊教育课程所要求的儿童进行室外活动、游乐和感观
体验的机会。增加国民教育课程所要求的对学校场地的使用,如艺术、

案例4.1 游乐场的全景

案例4.2　虚拟河流

科学和地理等科目。为儿童发展他们的生理和社交技能，以及进行互动玩耍创造机会。创造一个美丽的空间，使学校的全体师生都可以获益。

景观设计师的角色

在这个项目中，景观设计师成了主要的设计专家，负责协调其他所有人的相关工作。与学校进行协商，并完成调查大纲的起草工作。

项目的一个重点是不仅要理解现有的场地，还要研究和探索项目竣工后的使用者需求。为了达到此目的，景观设计师与治疗师和教师们一起开会进行了研究。他们花费了大量时间来观察孩子们的活动，并搜集了一些特别的人体数据。研究发现，以平均值为目标的设计会导致学校中一半的群体不能安全地使用这些空间。所以，只有在掌握了最终使用者的所有特征的基础上制订设计方案，才能使之适用于所有的孩子。

提出设计理念和可供选择的解决方案，以及包含成本计算的设计草图。搜集专业供应商们提供的信息，并拟定艺术家名单。由景观设计师和委托人组成的小组进行面试审核，成功入选后再由学校直接聘用。

提交详细的设计方案。景观设计师负责管理合同，并处理与承包商

127

案例4.3 乐器

和艺术家相关的场地实践。

项目限制条件

项目的主要限制条件包括紧张的进度安排（所有的工作都必须在学校的暑假期间完成）以及缺少通道，需要穿过主体建筑才能到达。想要创造一个独特、有趣的项目也不可避免地受到了营造安全环境目标的限制，同时由于项目需要考虑大量不同的残疾儿童的需求，因此极具挑战性和刺激性。

项目的独特机遇

本项目的独特机遇是为66名4—14岁有着严重学习障碍和自闭症的小学生提供一个激励性环境。对设计师而言，通过这个机会也可以了解这类学生对环境的反应。

项目设计

现有场地包括一个大约200平方米的庭院，完全用混凝土铺成的道路，以及四周的教学楼。走廊中拥有良好的视野。有一个小型花架以及

案例4.4　戏水

案例4.5　墙上的章鱼

一些座位，但是整个场地都很沉闷，夏天炎热，少有人用。

　　设计从五种感观中吸取了灵感：视觉、听觉、嗅觉、触觉和味觉。整体上以流动和曲线形式为主。主要元素包括一座横跨场地的桥梁。该桥梁由橡木建成，周边放置了钟、木琴和刮胡。可以通过台阶和斜坡上桥，桥下跨过的是一些蓝色的回收玻璃，它们构成了一条虚拟的河流。周围环绕着树脂沙砾，象征着沙滩。场地一端设计了一个以船为造型的凸起沙坑，还带有用布制成的帆以提供阴凉，另一端是一个花岗岩材质的泡沫喷泉。桥梁形成了一条悦耳的路径，三种大型乐器（摇铃、锣和拍管）悬挂在橡木框架上。

　　场地的一角是工作区，四周环绕着植物花床和藤架。硬质的路面由装饰性的混凝土铺筑而成。植物花床种植了许多可触觉感知并有香味的植物，如薰衣草、鼠尾草、迷迭香和羊耳朵等。一株葡萄藤沿着藤架攀爬而上，为孩子们带来了阴凉。设计也包含了一片艺术区，利用模仿铅笔形状的直立木杆固定着垂直的艺术展示板。在学校的建筑里面，有各种游戏器材、马赛克装饰和镜子。

128

合作及社区参与

整个设计过程，学校都参与了讨论。为了促进景观设计师和学校之间的讨论，还成立了指导小组。成员包括校长、地方官员、感兴趣的老师及治疗师。这个小组也成为实质上的委托人，与参与项目设计的景观设计师一同工作。

当前的场地使用者

自从这片户外场地得到重新设计，其使用程度有了大幅提高，现在每天都得到了学校的使用。包括音乐治疗、户外教学、艺术课堂以及其他非正式的活动。学校还创办了一个园艺俱乐部。访客、家长、老师和大部分学生都很享受在花园里获得的感观体验。英国教育标准局在其最近的一个报告中，对该学校创建了一个使用程度高且备受喜爱的花园进行了表扬。

130

案例5　春天花园(巴克斯顿)

委托人	海皮克自治市议会
景观设计师	景观设计事务所
初始介入	1992年
开工日期	1996年
竣工日期	1997年
项目造价	约120万英镑
资金来源	海皮克自治市议会、德比郡议会

项目主旨

旨在帮助更新巴克斯顿的主要零售步行街,建立一个行人优先的环境,改善从市中心东侧到展览馆花园的东西向步行街道路网。该项目将

案例5.1　由石块界定的步行街

案例5.2　在石块上坐着闲聊

案例5.3　街道的晚上

案例5.4　在立方体上行走　　　　案例5.5　观察排水系统

为市中心、保护区和重要建筑提供一个良好的环境。此外，该方案还致力于发展旅游业。

景观设计师的角色

景观设计事务所扮演了项目经理、设计团队的领导、景观设计师以及合同管理员的角色，并安排了一个全职的员工负责协调工作。他们负责协调设计团队、管理项目、提供材料、安排公众咨询、规划方案、与法定机构协商，并调查零售商的意见。同时也负责委托人与设计团队之间的联系，把握项目方向和团队动向，以及完成草图设计、初步设计和详细设计，选择承包商并管理招标过程。

131

项目限制条件

因为需要满足白天的汽车通行需求，所以街道无法做到完全的步行化。这最终产生了一个步行优先的方案，并对一处办公区和车库进行了特殊处理。交通上需要继续使用横跨春天花园东西两端的道路。此外，内涝问题也需要解决。并不充分的记录导致不能完全定位所有树木。项目也存在资金方面的限制，最初的总体规划方案曾包含了一系列的水体和雨棚。

132

项目的独特机遇

巴克斯顿是乔治和维多利亚王朝时期的一个温泉镇,其作为温泉镇的历史、位置和自然环境提供了多个可以在本项目中成为设计和建造依据的特征。使用当地矿场产出的石材提高了建筑的品质,也体现了当地的特色。

项目设计

由于需要保证在上午10点前和下午4点后,车辆能够通行至街道南侧的修理站,以及在全天的任何时间段,车辆都能到达两个商业区,因此就需要界定一个独特的机动车/行人通行系统,来对步行区域提供保护。这最终是通过一系列位于街道中部的方形石块达成的。道路面向建筑物的一侧,是由约克石铺设而成的机动车和行人混行通道。而道路的北侧,即向阳的一边,则是步行街,其路面由更为精致的石材铺设而成,包含座椅、照明灯具、垃圾桶、公用电话亭、充电处以及雕塑等。它们排列得十分整齐,且呼应了方形石块构成的中心线,该设计提供了明确清晰的道路区分,这有利于盲人和行动不便的人群使用步行街。

为了强化当地特色,对硬质材料的选择可谓十分谨慎。当地的石材以不同的形式得到了使用:路面、围墙、路桩、毛石墙以及雕塑。该石材是对精致建筑的补充,且非常贴合保护区的环境。机动车区域也重复使用了该石材铺路,在视觉上延续了行人区域的约克石铺装风格。仅占很小一部分的机动车服务区,则使用了混凝土和沥青铺路。街道上的公共设施由现代风格的钢铁路桩和座椅组成,这种粗野的气质延续了巴克斯顿周边景色的风格。街道上的绿植则选择了豆梨树。因为它的习性和尺寸都比较合适。

合作与社区参与

在设计和施工期间,针对零售商贩展开了深入的研究。并通过咨询活动,与个别的零售商贩、当地市民社团、应急服务机构、残疾人群体、县议会、环境署、塞文特伦特水务公司以及公路管理机构,特别是照明工程师,展开了更为广泛的磋商。在设计的不同阶段,大量地通过公共展览形式与公众沟通。地方当局的官员和设计团队均出席了这些展览,其中大多就在购物中心或春天花园内部空闲的零售摊位内举办。

当前的场地使用者

本项目受到委托人的广泛好评,他们认为之前拟建的水景应当会为该方案增色不少。大多数零售商贩的反馈都很积极;春天花园购物中心的店面现已全部租罄,街面上已经几乎没有空闲的商铺。

日常项目管理

由海皮克自治市议会负责管理。因为人们认为地方当局的管理团队已经掌握了大多数必要的管理技术,所以尚未特别制订管理方案。自治市议会有意为市中心任命一位经理。

133

案例6 斯托克利高尔夫球场(伦敦)

委托人	斯坦诺普公共计划(斯托克利公园联合有限公司)
景观设计师	伯纳德·伊德事务所/伊德·格里菲斯合伙公司
高尔夫球场设计师	罗伯特·特伦特·琼斯
初始介入	1984年6月
开工日期	1985年4月
竣工日期	1993年6月
项目造价	约1 900万英镑
资金来源	斯托克利公园联合有限公司、大学养老基金计划

项目主旨

对有害的、受到污染的土地进行再利用,为这个缺乏开放空间的区域创造开放空间资源。高尔夫球场属于一个更大的综合体的一部分,该综合体还包括一个商业园区和一个郊野公园。球场可以为初学新手、资深玩家以及专业比赛提供场地,而且还为未来可能发生的扩建预留了空间。在保留步行小道、自行车道和马道等公共通道的同时,创造了新的地形地貌。

景观设计师的角色

完成总体规划,并制定再利用战略。协调郊野公园和高尔夫球场项目,整合高尔夫球场的布局与路径(由高尔夫球场设计师具体执行),使其融入新的商业园区中。与工程顾问公司协同完成新地形和创新型排水系统的概念设计、概要方案和详细设计。负责所有郊野公园的概念设计、概要方案和详细设计,包括绿植、道路和次级排水系统。与高尔夫球场的设计师和施工承包商一起进行场地监管。

134

案例6.1 斯托克利公园鸟瞰图

项目限制条件

批获了十年的期限用于处理垃圾填埋带来的危害和污染,并创建一片严格遵守环保要求的广阔的公共开放空间和高尔夫球场。高尔夫球场与周围城市区域和商业园区的开放空间相互融合。改造地形用的材料将就地取材,例如黏土和砾石等,这也是另一项限制条件。

项目的独特机遇

这是一次难得的机会,将一片废弃且受污染的土地彻底转变为一处人造景观,不仅给当地社区带来了福祉,而且还带来了商机。该项目对场地材料进行了创新式再利用。地方当局与私人开发商的合作也是史无前例的。

项目设计

项目占地160公顷,位于伦敦的边缘绿化带,希思罗机场的北边。

1690年,该地区曾作为道利地产的一部分,通过规则式花园和林荫道进行了围合封闭。自1866年起,该地区被用来开挖砾石,并从1912年起成为填埋生活垃圾之用地。到了1961年,填埋的垃圾已高出周围地面12米,1972年时,这里还发生了一次严重的地下火灾。自1985年起,这片土地就被禁止填埋垃圾,并在覆盖了一层黏土后,被用作放牧马匹,但这样又限制了木本植物的生长。1984—1993年间,该地区经历了复杂的变化,出现了36公顷的商业园区,其南部有便捷的车行道与M4高速公路和希思罗机场相连,另外100公顷的土地则成了高尔夫球场、运动场和公园。雨水的冲刷使这里形成了一个由沟渠、洼地和线形湖泊构成的地貌。填埋垃圾所产生的沼气问题,也通过一种由场地下的填埋材料层和黏土层构成的特殊过渡方法得到了解决。由污泥和黏土构成的表层土形成了一种半渗透性的结构,这有利于排水和土壤发育。为了改造地形,共计搬运了460万立方米的垃圾和黏土,使该地区与北部的奇尔特恩丘陵遥相呼应。这一地貌创造了很多地标和视角,以及多样化的排水地形,例如梯田、坡道和环形山。这些都提升了高尔夫运动的质量,并增强了山野小径的体验。高尔夫球场基于一座现有的巨大环形山,由一条主路将其分割开来,包括阶梯形土地、蜿蜒的球道、发球台以及绿色平台。整个综合体的五分之一的面积,都种植了各种乔木和灌木。如此结构,也使高尔夫球场看上去像是镶嵌于这片林地之中一般。一些受保护树种也得到了保留。在裸露的地表区域密集种植小型乔木和灌木已收到显著成效,这大大降低了草本植物和杂草的竞争。高尔夫球场中还包含着一条战略性公共通道,该通道将球场与公园的不同区域连接在了一起,此外它还可以为135 一些独特的区域提供服务,例如观景点和俱乐部会所等。

合作与社区参与

当地社区在设计和施工期间通过了一系列的方式参与其中。存在一套不间断的信息公开系统。定期召开会议,在整个过程中不断举办各种展览,展示项目已达到的阶段和正在实施的设计方案。斯托克利公园联合有限公司专门开办了一份新闻简报。与地方利益集团有着深入的合作。

案例6.2　人行道和马道

案例6.3　生长了五年的植被

案例6.4 尼克·佛度为高尔夫球场开球

当前的场地使用者

18洞高尔夫球场于1993年6月开放,现在该球场是职业高尔夫联盟的比赛球场。除了作为比赛场地,该球场也供初学新手和独立玩家使用。据估计,每年有40 000人在此打球。

日常项目管理

景观设计师为该高尔夫球场、商业园区和郊野公园起草了一份综合管理方案,解决了短、中、长期的植被发育、公共安全、公园质量与外观等问题。该方案涵盖了排水、草地修剪管理、林地与路径等多个方面,由斯托克利公园联合有限公司负责执行,并用高尔夫球场的收入支付管理费用。

137

第二类 公共城市开放空间

案例7 维多利亚广场（伯明翰）

委托人	伯明翰市议会
景观设计师	景观实践小组；伯明翰市议会的顾问景观设计师伊楚斯·哈德森
初始介入	1991年
开工日期	1992年1月
竣工日期	1993年2月
项目造价	工程与费用共计370万英镑，合同约定金额为325万英镑（硬质工程：200万英镑；软质工程：15万英镑）
资金来源	伯明翰市议会、欧洲区域发展基金

项目主旨

在伯明翰的市中心繁忙的交通枢纽处创造一个全新的、优质而且具有现代特质的市民广场，并还为残障人士营造一个方便进入的友好环境。在议会大楼前设计了一片开阔的空间，将其与市政厅、中心图书馆以及新大街和企业大街上的商业零售区相连接。为保持区域特色，选用了维护需求较低的硬质材料。

138

案例 7.1　通往市政厅的道路

景观设计师的角色

景观实践小组对设计团队的主导贯穿了项目的初期准备阶段,而在后期阶段中,他们也充当了土木工程师的顾问。另外,在项目过程中,景观设计师主导了设计工作。

项目限制条件

项目的主要制约因素是时间和预算。

项目的独特机遇

该项目拥有创造一个特殊的市民空间的机会。其地点位于被英国历史建筑名录列为二级的议会大楼之前,并毗邻名录上被列为一级的市政厅。该项目细致地处理了高低差变化,为残障人士设置了专门的通道。

案例7.2 维多利亚广场和议会大楼

项目设计

在20世纪60年代,伯明翰中心区的主要建设方式就是修建大量的道路。这种方式可以带来一些益处,例如拥有便捷的路线通往新大街上的火车站,但是这些益处逐渐被另一部分的影响超越,人们发现这些工程结构以及令人不悦又容易产生误导的地铁,不仅损坏了城市形象,还降低了城市空间中的步行体验。因此,一个由市议会提供了大量资金支持的城市中心改造项目由此诞生。

维多利亚广场从来都不是一个真正的广场——它更像是一个交通枢纽,被各种交通工具霸占着,多年以来让人们的通行变得日趋艰难。新的规划方案力图改变这一状况,将行人置于优先地位,并将广场打造为城市中心主要步行体系的一部分。广场中央的大型喷泉充分利用了该广场从"上"到"下"的巨大高低差变化。喷泉的主要元素由河流女神和年轻人的铜像构成,其周边还分布着石质的"守护者"和方尖碑。喷泉发出的声音创造了诸多机会,让人们可以在城市中心享受放松和宁静的生活。

广场的高处是开放空间,可以为与市政厅和议会大楼相关的市民

案例7.3　中央水景　　　　**案例7.4　市政厅方向的夜景**

活动提供场地。低处则更像是一方乐土，位于经过步行化改造的新大街的尽头。喷泉的布局还构造了一个圆形剧场，在此可以进行各种街头活动，而喷泉的台阶和边缘也创造了许多坐下的机会。

139　　　水景和花盆使用了纹理精细的德比郡砂岩，与一百年前议会大楼使用的石材出自同一采石场。为了承受繁忙的交通和各种活动，路面大多使用斑纹黏土铺设。街道设施坚实耐用，与周围的维多利亚式建筑交相辉映。半成熟的乔木、基础植被和照明灯上悬挂的花篮为空间增添了一抹绿色。照明灯也彰显了设计的整体特色。

合作与社区参与

市中心的商业社群非常支持和热心该项目。相关各方被邀请参加了一系列的公开会议，并在会议中了解了工程进度信息。承包商每天都与工地周边的商家以及公众人士联系。在整个设计与施工阶段，一个代表残障群体的组织，名为"全面共享"，都一直参与其中，并提供了宝贵的意见。

当前的场地使用者

全市的商业人士、游客、居民和在城市工作的人都十分赞赏此方案，

案例7.5　河流女神铜像

包括对已有道路枢纽的改造升级。这些空间将不仅被用作从城市一侧到另一侧的通道,而且还有很多人可以把这里当成享用午餐、放松休闲或傍晚与朋友聚会的场所。该广场的高处部分被用来举办文化音乐活动,并安装了一个可在圣诞节使用的旋转木马,而广场的低处部分则主要供卖花小贩使用,还可以用来合唱圣诞颂歌。

项目日常管理

总的目标是保持市民广场的高标准高规格,并与城市中心区域的特征保持一致。景观实践小组制订了一份简易的管理计划。其中建议了相关维护要求,包括每天、每周或每月对各类设施进行清洁、修补和维护管理等。

140

案例8 和平花园（谢菲尔德）

委托人	谢菲尔德市议会，规划、运输与公路部
景观设计师	谢菲尔德市议会，设计与房屋部门
初始介入	1995年5月
开工日期	1997年8月
竣工日期	1998年11月
项目造价	城市公共领域中心约1 200万英镑，和平花园约500万英镑 （硬质工程：485万英镑；软质工程：15万英镑）
资金来源	千禧年基金、专项再生财政预算和欧洲区域发展基金

项目主旨

改变公众对市中心的认知，并在这一独特的环境中打造一个市民花园，该场所的周边环境包括在英国历史建筑名录上被列为一级的市政厅，一些零售商铺以及一个价值1.2亿英镑的商业再生项目，包括酒店、千禧画廊、冬季花园、商店和写字楼。作为对千禧画廊和冬季花园的补充，和平花园将展示出最高标准的工艺、园艺和公共艺术，以吸引游客。　142

景观设计师的角色

城市公共领域中心项目由谢菲尔德市议会的首席设计师负责。项目包括三大要素——哈勒姆广场、市政厅广场和和平花园。和平花园的团队由该市议会的主要景观设计师之一进行领导。他们的职责是进行总体规划、设计，提供社区咨询，联络所有艺术家，绘制整体结构和软质景观，并为招标和工程监控制订详细计划。

项目限制条件

本项目将采用快速管理合同交付，目的是在规定时间内用上欧洲区

案例8.1　在花园中野餐

域发展基金提供的资金。项目被分割成36份独立的工程合同,并按顺序逐一开始设计,以争取早日开工。

项目的独特机遇

本项目拥有两个独特的机会。首先,该项目是自20世纪50年代战后重建以来最大的城市再开发项目。其次,项目位置紧邻谢菲尔德市政厅。

项目设计

该场地原为大片的草地,以及由混凝土平板铺设的步道,设有长椅,可举办各种园艺花卉展,但在每年的主要时段,例如夏季,常常缺乏视觉冲击力。对此空间的使用多是为了午餐。对场地的重新设计充分考虑了其与市政厅的关系,以及该空间其他三面的现存和拟建的商业区。花园设有五个入口(其中有两个入口专为残障人士提供),外围区域是一家由商业地产进行管理的街头咖啡,此处偶尔还可作为艺术和工艺市场使

143

案例8.2　和平花园与市政厅

用。该场所也为公交车站和行人通道提供了开放空间。

　　宽阔的道路上有小溪潺潺，周围还点缀着各种陶瓷艺术品，吸引人们来到花园的焦点——由八十个水柱喷口构成的交互式喷泉。绿植和草地高度被增加到了两英尺，这既可防止人们抄近路穿越软质景观区，又可为人们提供休闲歇脚的场地。

　　硬质材料与谢菲尔德的环境相一致，材料经久耐用。与市政厅建筑风格相匹配的粗砂岩被用于墙壁、扶手和浮花雕饰，而为了保持地域特色，使用了摇石平板和方形花岗岩来铺设路面。

　　绿植的灵感来自英国园艺大师格特鲁德·杰基尔和格雷汉姆·斯图亚特·托马斯，以及当代园艺大师贝斯·查拖和克里斯托弗·劳埃德。绿植的主体为灌木，周边配有多年生草本植物和球茎植物。宽大的树叶和强有力的景观为坚固的石砌体提供了形式上的补充。

案例**8.3**　流水与石头表达了谢菲尔德的地域性

案例8.4 静谧的夜晚

案例8.5 在小溪上聊天

合作与社区参与

1995年1月举办了城市公共领域中心项目的首次展览。紧随其后的1995年11月则举办了和平花园专项展览。有一千多人参加了这个展览,而且有约八百人填写了调查问卷。这一活动点燃了公众对市民花园而不是市民广场的渴望。针对项目设计和施工期间产生的交通影响,与市中心商户进行定期的联络。并针对施工方面的问题,例如噪声和夜间作业带来的影响,与市中心居民进行了联络。

当前的场地使用者

针对这片区域的使用在重新设计之后得到了大幅的增加。这里还成了人们把家中客人带来游赏的好去处。对于家庭、年轻人和儿童来说,此方案代表着巨大的成功。在天气晴好时,孩子们喜欢在交互式喷泉中嬉戏,而在学校放假时,孩子们会带上毛巾,希望能淋个痛快。一年之中,午餐时间和周六的人流量是最高的。

日常项目管理

该项目被纳入了城市中心维护计划,包括定期垃圾清运、高压喷射清除口香糖和污物、涂鸦清除快速响应、24小时保安和市中心监控。具备丰富园艺知识的专用园艺师,在场地绿植的种植工作中作用非凡,此外还有一位城市中心的园艺经理负责监督指导,该园艺经理还参与了相邻的冬季花园项目。景观设计师每年都会制订至少一份管理计划,并由景观设计师、园艺经理和园艺师进行复审。

145

案例9　爱丁堡公园（爱丁堡）

委托人	新爱丁堡有限公司
景观设计师	伊恩·怀特事务所
初始介入	1988年
开工日期	1990年
竣工日期	仍在施工阶段——预计2015年左右完工
管理开始	1992年
项目造价	1.2亿英镑（硬质工程：400万英镑；软质工程：400万英镑）
资金来源	新爱丁堡有限公司

项目主旨

为商业区公园创造一个井然有序、品质优越的环境。在开发之前就预先打造好怡人的景观环境。使用可控范围内的材料来打造景观结构。

景观设计师的角色

这一分阶段开发的项目，自1988年起，已经经历了项目的总体规划、实施以及管理等阶段，而景观设计师在开发过程中始终起着主导作用。景观设计师负责设计并协调所有外部空间和软硬质工程，并一直在为爱丁堡公园管理有限公司提供建议。景观设计师同时也是设计审定委员 146 会的成员，该委员会需要对所有现存和拟定的开发工作进行把控。

项目限制条件

本项目不存在重大限制因素，但是对于减少用水，以及其他与水处理相关的用水管理要求正日益提高。

案例9.1 在东部边缘栽种的绿植

案例9.2 借助小湖构建的景观结构

案例9.3 正在建巢的天鹅

案例9.4 井然有序的环境

项目的独特机遇

开发商决定在开发建筑之前先进行基础景观建设,这样既可以在开发过程中节约成本,还可以为市场营销增加筹码。这是一个总用时超过二十年的分阶段开发项目。

项目设计

据记载,爱丁堡公园的所在位置在15世纪初曾是一片农场。人们在农场内大范围耕种谷物,并在冬季饲养牲畜。直到19世纪初期,该区域才被开发为富有家庭的乡村别墅和公用绿地。

位于城市西部边缘的爱丁堡公园是一个占地138英亩的商业区公园,紧邻爱丁堡环城公路。场地的周围是零售商业园,种植了绿化带的公路,以及购物中心、私人住宅和商务写字楼。根据理查德·迈耶的现代主义设计理念,并严格遵守笛卡尔网格划分,才最终打造出了这一方

案例9.5 西侧边缘设计较为规则

井然有序的空间环境。

147　　该公园的核心设计特征是一系列的小湖泊。宽广的视野，也让行人可以将彭特兰丘陵的景色尽收眼底。项目完工后，这里将形成四个小湖泊。水草可以为鸭子提供食物，而荷花和芦苇则让位给了湖边景观中的花卉、灌木和乔木。这些小湖泊不仅构成了景观的一部分，还对场地中央的公共便利设施起到了辅助作用。湖内的野生动物包括一对正在做窝的天鹅、黑鸭、棘鱼、蝌蚪和青蛙，以及一只短暂来此栖息的苍鹭。

　　靠近环城公路的西侧设计得较为规则。而东侧则由边缘绿植构成。公园中的其他绿植还包括外围林地区、林荫大道上的乔木以及个别开发区精致设计的花园。乔木类型包括柳树、桦树、山梨、赤杨和山毛榉，它们也为两百多种昆虫提供了生存的空间。公共便利设施区域种植了栗子树和椴树，而林地区中则有欧洲赤松和无梗花栎。在一年四季，这些精心挑选的植物都可以为人们带来不同的风景。

当前的场地使用者

　　虽然主要是为了商业用户，但是周围社区的居民也非常乐于享用公园中心的公共便利设施。开发商出版了一本小册子，名为《公园漫步》，其中讲述了公园动植物的情况，并希望人们关注公园环境。此外还描述了两边的步行道路，并讨论了千变万化的景观。

日常项目管理

　　公共地区完工后，将交付给爱丁堡公园管理有限公司，这是一家代表了所有委托人的独立公司。景观设计师制订了一份管理规划，内容涉
148　及维护操作、水体质量等事项。

案例10　莫尔德社区医院

委托人	科里蒂安社区医疗保健信托公司（现东北威尔士NHS信托公司）
景观设计师	卡皮塔物业服务有限公司（原威尔士保健公共服务局）
初始介入	1980年
开工日期	1982年
竣工日期	1984年
项目造价	128.699万英镑（硬质工程：20万英镑；软质工程：1.2万英镑）
资金来源	弗兰兹医院联盟的威尔士办事处（10万英镑）、东北威尔士信托公司

项目主旨

　　创造一个适宜于医疗保健的外部环境，需要安心舒适、宁静体贴，且能灵敏地照顾到每位病患主动和被动的各类需求。

案例10.1　康乐庭院

景观设计师的角色

景观设计师将作为设计团队的一分子参与本项目,并从场地设计初期规划一开始便参与到了工作之中。景观设计师主要负责制备招标文件、向建筑成本估算师提供相关信息、监管工程实施情况直至完工。另外,景观设计师还需要制定场地维护策略。

150

项目限制条件

场地空间有限,而且由于对停车场的规模要求较高,因此外部工程空间狭小。

项目的独特机遇

这是威尔士建设的第一家社区医院,因此至关重要的是,景观设计要反映出病人、工作人员和访客的需要。这一点已经通过与相关人群进行仔细商讨而得到了有效解决。原有的医院处于一个紧张、狭窄的空间环境中,几乎没有室外的康乐设施。本项目提供了一个独特的机会,让景观设计师可以为该地区制订更好的设计方案,并提供一个更好的外部

案例10.2　呼吸新鲜空气

环境,这在威尔士地区属于先驱范例。

该社区医院联合了当地的医生,提供了一种将社区和医院护理联系在一起的综合服务。各种类别的病人都得到了服务,包括老年人、慢性病患者、门诊病人,以及需要物理治疗、日间护理和意外事故处理的病人。

项目设计

莫尔德社区医院是在位于该城镇边缘的一家曾是诊疗所的场地上发展建设起来的。多数原有建筑均得到了保留,并被用作社区精神健康资源中心。现场空间狭小、整体地势低洼且东部地势陡峭。东侧主要是住房,北侧是各种运动场地。这家小医院设有八十张床位,砖瓦结构,屋顶用的是红土瓦。

建筑物呈矩形排布,有两个庭院,中间隔着一座可作为聚会场所的亭子。一个庭院内有水景和一般的康乐花园,而另一个庭院内是用于物理治疗的花园,里面设有锻炼场地。此外,在医院的职业与物理疗法部外面还有一个温室和小型职业疗法花园。一楼的病房窗户带有完整的窗槛花箱。人们捐赠了许多的花卉植物,医院工作人员、弗兰兹医院联盟和地方园艺俱乐部负责照料这些花箱。病房成梯形分布,这不仅有利于从护士站对每位病人进行看护,还能使每位病人都有自己的私人空间。该　151

案例10.3　窗外的风景　　　　案例10.4　在台阶上锻炼

布置也可以让每个床位的病人都能欣赏到远处和近处的窗槛花箱。

前往该场所需要穿过附近的一条住宅通道，而进入庭院则需经过一条走廊。路面材料就地取材，使用了鲁阿本地区的铺路材料。场地周围栽种了树篱，东边斜坡则是郁郁葱葱的灌木和地被植物，比如赫柏灌木和车轮棠。场地内种植的灌木和乔木起到了遮蔽的作用，并且将停车场融入了景观中。柔软、起伏的草地也与其他外部环境相得益彰。

合作与社区参与

当地的弗兰兹医院联盟参与了项目的设计过程，并自愿为庭院建设筹款。

当前的场地使用者

医院开业后的六年时间里，一个研究项目组收集了医院使用者的意见（Singleton, 1990），在此将转引其中的部分意见，以帮助我们了解医院的使用人员对于建筑周围景观的感受。医院的经理表示这些景观创造了愉悦的工作环境，并认为医院的环境对患者的治疗十分有益。

护理人员认为医院的景观非常有益。他们愉快地描述了带患者外出呼吸新鲜空气、散步，以及欣赏各种植物一年四季之变化的情景。职业治疗师和物理治疗师都表示，他们喜欢"这里的花园、风景和工作环境"（Singleton, 1990）。

对于环境，患者们提到了他们所重视的多个方面。提到最多的是从病床、娱乐室和户外座椅上能直接欣赏到的植物和庭院美景。他们还提到了通往外部空间的便捷性，以及温馨亲切的氛围。

日常项目管理

152 景观设计师拟订了维护方案，并交由东北威尔士NHS信托公司执行。由地方园艺俱乐部负责两座内部花园的维护管理。

案例11 赫瑞-瓦特大学的里卡顿校区(爱丁堡)

委托人	赫瑞-瓦特大学
景观设计师	韦德尔景观设计公司
初始介入	1968年
开工日期	1968年
竣工日期	进行中
项目造价	超过1亿英镑(硬质工程:3 000万英镑;软质工程:500多万英镑)
资金来源	大学专项拨款委员会,以及出售大学资产所得

案例11.1 小湖与学生宿舍

项目主旨

在一片历史悠久的苏格兰首府的中央区域开辟一块大学校园。这里曾经是一处建于17世纪的庄园,位于爱丁堡绿化带以内。在保留林地、一处小湖泊和数个花园的同时,创造一个可容纳五千名学生的新景观。

景观设计师的角色

三十多年以来,景观设计师在这片场地承担了范围广泛的许多职责。包括总体规划,建立一个可持续的土地利用框架,详细的场地规划,设计单个开发项目,例如学生宿舍、停车场和新的教学楼等。景观设计师明确了该区域的生态风险和重要性,并在各施工阶段结束时确保其得到了充分保护并进行合理修复。为期二十五年的跟踪野生动物的生态学研究(环境审计)表明,该地区的景观质量和多样性均有所改善。景观设计师已经制定了总体规划,即将校区规模扩大至可容纳一万名学生。此外,景观设计师也是场地保护委员会的成员之一。

项目限制条件

项目过程中存在两个主要的限制条件。首先,这是一个经历了多年演变的长期开发过程。其次,

153

案例11.2 莱姆大道

第二个主要的限制条件就是需要最大限度的降低施工过程对景观本身和学生生活产生的影响。每个施工场地都得到了严格的保护，并通过设置围栏清晰地标记了进出通道。

项目的独特机遇

在赫瑞-瓦特大学搬迁至爱丁堡绿化带的过程中，对处理相应景观的方式存在一些限制，即需要保护和管理这里的林地、古树，尤其是历史景观和花园。这些景观的存在可以提高校园生活的品质，并为野生动物提供栖息地。

项目设计

赫瑞-瓦特大学的里卡顿校区，占地约一百五十公顷，这里曾经是里卡顿庄园，居住着对树木有浓厚兴趣的吉普森-克雷格家族。庄园内收集的珍贵树种，最早开始于1823年，一直在持续增加。因此，许多树木的树龄已超过一百五十年，不幸的是，很多在1884年得到记录的古树于1968年和1972年的大风灾中被摧毁。1969年，赫瑞-瓦特大学搬迁至此地，并继承了早先的植树工作，以保护该景观。针对这一历史花园的规划方案，在苏格兰自然遗产保护协会的协助下得到了研究，并且拟订了一份园林修复和管

案例11.3　野花草地和池塘　　154

理计划。

校园的整体设想是人车分流，即打造一个无车的核心区。校园的许多部分，如池塘和河流廊道，都得到了精心设计，以接纳现存和未来的建筑，以及这些建筑周边的通行道路。景观保护区由湖泊、历史花园和中央林地组成，并通过一条横穿中心区域的人行道"连接"在一起。校园和周边道路之间有三十公顷的林地作为缓冲带。南部有广阔的运动场，而北部和东部则是在英国得到开发的首个研究园区。

存在八个不同的区域：大学校园、学生宿舍、运动场及体育中心、附带入口大厅和会议中心的核心区域和学生会区域、林地、研究园区、包含花园和湖泊的中央林地，以及准备用于农业的未来待发展区域。在中央的核心区域，人们可以通过不同建筑之间的内部走廊和桥梁来去穿行，这一设计也使人们可以在享受美景的同时，不用担心严寒的天气。

贯穿整个校园的人行道和车行道将上述不同的元素连接在了一起，并且留出了观景路和慢跑路。此外，还开发了一条雕塑小径，以及一条利用了过去所收集的（当地的、异国的和古老的）树木的林间小径。

合作与社区参与

项目建立了系统性的社区参与，并通过场地保护委员会讨论了野生动物、校园保护和景观开发等所有方面的问题。针对总体规划开展的广泛咨询活动一直是爱丁堡西部农村计划的规划要求之一。

当前的场地使用者

校园内包含多个学术部门、行政服务部门和学生食宿场所，因此存在大量的场地潜在使用者。其中包括各学年在校生活和学习的五千名学生、在职的一千七百名教研和行政人员。此外，还有一千五百名研究园区员工以及会使用到学校设施的来访人员和周边社区成员。

日常项目管理

景观设计师于1978年拟订了一份管理计划，并涵盖了普通的物业管理问题。这份计划由赫瑞-瓦特大学物业管理处执行,且执行中一直有听取景观设计师的建议。此外,还需要接受场地保护委员会每年两次的审查。

156

案例11.4　通往西部学生宿舍区的小路

案例11.5　正式花院内的草坪

案例12 柯曾街庭院（伦敦）

委托人	水桥集团有限公司
景观设计师	泰丰资本咨询公司
初始介入	1996年8月
开工日期	1997年8月
竣工日期	1998年1月
项目造价	13万英镑（硬质工程：11.5万英镑；软质工程：1.5万英镑）
资金来源	水桥集团有限公司

项目主旨

通过在该半公共空间的围墙、色彩、水体、绿植和照明等的设计中引入一种强烈的印象主题，为原本枯燥的办公室带来活力。

案例**12.1** 可坐庭院

景观设计师的角色

景观设计师是项目的协调员,并需要在整个项目期间与项目委托人保持联系。作为主导设计师,景观设计师跟其他专业技术人员进行了大量的沟通工作——工程师和建筑成本估算师等。从头到尾参与设计工作。规划过程没有出现任何问题,同时规划师十分欢迎该设计方案。景观设计师还负责了施工图的绘制和招标文件的准备工作,同时也需要协助建筑成本估算师完成技术说明书和物料清单。

157

项目限制条件

庭院位于停车场和办公室的上方,因此必须考虑重量的限制,同时地下的维护和防水工程也需要细致地进行协调。在整个合同执行期间,必须要保证办公空间不受影响和穿行通道畅通无阻,因此在工作空间和计划安排方面受到了严重的限制。

项目的独特机遇

该项目提供了一个设计荫蔽的、被保护起来并得到良好维护的场地的机会,需要使用高质量的材料,从而保证其不必担忧故意损坏的风险。

项目设计

在项目开工之前,这个二百五十米见方的庭院仅被用来在四周的建筑物之间通行,存在大量没被使用的开放空间。庭院两侧的建筑物被用于不同的商业用途,正面有一个教堂,因此对称的设计不会显得厚此薄彼。穿过庭院中央的轴线,就可抵达通往教堂的正式入口,这里也被用于一些宗教仪式。该设计创造了一间室外的房间,拥有缥缈的树冠屋顶,而地面则由形式感强烈的铺装图案、绿植以及可供坐下的花坛外墙构成。

为了使空间充满活力和动感,项目使用了各种各样的优质材料。天然石材和砖块在颜色和材料质地上形成了鲜明对比。而水景的引入则

案例12.2 俯瞰柯曾街庭院 **案例12.3 繁茂的植物**

带来了视觉和听觉上的特色。照明设计更是着重突显了水景、道路和树木。此外,照明系统由定时开关控制。

整体的植物系统由常绿植物构成。主要都是皂荚,该植物为这一有限的空间提供了光影。花坛上种植着各种植物,包括沿阶草属植物、矾根属植物、马蹄莲属植物、玉簪属植物、蕨类植物、球茎植物和杜鹃花属植物,它们也构成了庭院一整年的颜色和纹理。庭院出入口使用了紫杉和月桂树盆景作为点缀。

158

合作与社区参与

办公室的使用者和教会相关人员在非正式会议上一起商讨了设计草案。

当前的场地使用者

自翻新工程完成后,庭院的使用者明显增多。最受欢迎的使用时

案例12.4　庭院照明

间段是茶歇和午餐时间,而且偶尔会在庭院中举行会议。庭院的使用受限于天气,但人们随时都可以通过庭院内的通道进入室内。由于声音、光线和颜色等元素的设计,穿过这个空间将产生美妙的体验。这也为教堂、办公室和公寓里的人们带来了视觉享受。

日常项目管理

景观设计师制订了一份管理计划,目的是维护和培养该项目以达到最高标准。这份计划的详细内容包括了项目所使用的建造材料的完整记录。计划还包含了一份关于项目中的设计元素的维护方案的说明,包括路面、植被和水景等元素。三年后,在景观设计师的建议下,用更喜阴的植物替代了小部分原有植物,而这主要归功于皂荚在炎炎夏日为该空间提供了半遮阴的天篷。

160

案例12.5　庭院水景

案例13　玛丽·居里"希望花园"(伦敦)

委托人	高速公路局
景观设计师	戴维·赫斯基森事务所
初始介入	1989年
开工日期	1993年1月
竣工日期	1999年6月
项目造价	400万英镑(包括地下通道工程；软质工程：5.5万英镑)
资金来源	高速公路局

项目主旨

该项目包括一条与当地的北环路(A406)相连接的明挖回填式隧

案例13.1　蜿蜒穿过绿植的砾石小路

案例13.2　水仙花

道。目标是在该地下通道的上方建一个小型公园,为当地社区提供一个非正式的乡村绿地。

景观设计师的角色

在整个项目过程中,景观设计师一直在与委托人进行协调,并保持联络。作为设计团队的一部分,景观设计师必须按照要求提供与所有软硬质工程有关的信息。景观设计师从头到尾参与了方案设计。该花园是一个大型土木工程项目的一部分,在项目的实施过程中,景观设计师需要与工程师保持紧密联系。景观设计师需要负责设计硬质景观的细节,并将相关内容总结于招标文件中,再由建筑成本估算师整合完善。 161此外,景观设计师还需要准备所有软质景观的细节设计方案和技术规格说明,并监督合同中规定的硬质、软质景观场地的工程进度。

项目限制条件

对景观元素的限制条件涉及了多个方面,例如地下通道顶部的负重和工程设计的几何形状。排水和储水问题,以及表层土的规格参数也是需要仔细考虑的问题。隧道入口必须设置安全护栏。

项目的独特机遇

整个项目在英国都是比较特别的,其提供了一个可以在双向隧道之上创建花园的机会——此类空间往往都由其他车辆和交通工具占据或者被完全浪费了。该项目也提供了其他的一些机遇,包括使用创新型排水设施和保水层为软质工程创造一个合适的生长环境。

项目设计

城东路与北环路(A406)交会处是一个环形交叉路口,经常因为交通量大而交通堵塞,并对当地居民和行人造成噪声和空气污染。这个环形交叉路口对当地步行上学的孩子来说非常危险,并且降低了该地区的视觉形象。

　　作为伦敦北环高速路提升计划的一个部分，针对此交叉口的主要设计理念是通过下挖隧道的方式将北环路（A406）从当地社区分离出来。地表的车辆流通道路仅仅留给当地交通使用。该理念意图将地下道路顶部的覆盖部分改造为一个小型公园——为人们提供愉悦的空间并提高行人的安全系数。

　　采用了创新的工程和景观设计技术，使地下道路能够支持顶部花园的各种功能，如维持树木、灌木和花草的自然生长，而且不需要昂贵的灌

案例13.3　屋顶花园的概貌

案例13.4　使用了高质量的材料

溉费用。防水层经过了精心设计，可以很好地平衡储水和排水之间的关系，不仅有利于储水，还能在长时间的暴雨中有效排水、防止积水。

由于北环路（A406）和地下道路本身的净空需求，地下道路的顶部在东部端点必须高于地面。为了缓解这种设计带来的视觉影响，两侧选择了砖瓦结构，而上升阶梯处保留了一段绿化带。

色彩缤纷、品质高端、结实耐用，并且具有防止恶意破坏功能的材料和室外设备的使用增强了此地的空间感。种植的植物可在一年四季呈现不同的风景，并且选择的品种都能保证在遇到花园干旱时具有抗旱能力。这些植物品种的存活并不需要太多的水。道路由碎石和花岗岩石板铺成。垃圾箱、照明和座位采用了金属材质的现代设计风格。一大片繁盛的水仙花，加上一个美丽的温泉，这是玛丽·居里癌症护理慈善机构的典型标志。

合作与社区参与

在项目的设计和施工期间没有任何合作和社区参与。然而，玛

案例13.5　东部端点：地下道路的入口

丽·居里癌症护理慈善机构在1998年11月举办的水仙花球茎种植节选择了该小型公园。慈善机构之所以选择该场地，是因为在视觉上，这里能被更多的人看到，不仅是公园的使用者，还有那些穿过这片场地的行人。这个花园被命名为玛丽·居里"希望花园"，并通过纪念碑对该慈善机构的参与表示了感谢。

163

当前的场地使用者

自从该场地于1999年6月完工后，越来越多的当地居民来到这里休息、散步、阅读和进行其他娱乐消遣活动。当地学校的孩子们在上下学的路上也喜欢来这里玩耍。

日常项目管理

项目的日常管理由伦敦交通部负责，并由英国景观有限公司具体实施，直到2002年5月，才由高速公路管理局的定期维护承包商接管。

164

案例 14　查塔姆码头再生项目

委托人	英格兰合作组织
景观设计师	吉伯德景观设计公司
初始介入	1991 年 4 月
开工日期	1991 年 11 月
竣工日期	1992 年 7 月
项目造价	39.8 万英镑（硬质工程：35 万英镑；软质工程：4.8 万英镑）
资金来源	英格兰合作组织、查塔姆信托

项目主旨

在查塔姆海上开发区内，建设一个重要的非正式休闲娱乐场所。需要提出一个设计解决方案，为当地社区提供一个充足的表演空间。采用了最优质的材料，不仅要与历史环境相协调，而且要以协调一致的方法处理开发区范围内的新城镇景观。

165

景观设计师的角色

景观设计师被任命为该项目的总顾问。提出多个可选设计供英格兰合作组织选择，并随后完成细部设计、招标文件，以及参与整个招标过程。景观设计师在施工期间也负责管理合同。

项目限制条件

与大多数项目不同，码头再生计划的限制条件很少。可能最大的限制条件就是需要在一个极具重要历史意义的地方创作当代设计。

项目的独特机遇

该项目的独特之处在于场地的历史性，以及其与查塔姆海上开发区

案例14.1　与过去历史相呼应的路桩

的联系,因此设计方案需要体现特定的功能,如照明和栏杆等细节。

项目设计

　　针对查塔姆前皇家海军造船厂的再开发规划构思于1985年。该规划方案,由弗雷德里克·吉伯德合营公司与莱斯利·金斯伯格合作完成,强调了城市设计的重要性,坚实耐用、品质高端的软硬质景观设施的价值,以及对于营造一种强烈的场所感的需求。码头广场本身占地3 640平方米,过去曾是废弃的港口。码头广场的景观包括:硬质景观、围墙、表演场地、照明设施、草地和树木。

　　为了与过去的造船厂风格相呼应,硬质景观主要使用了约克石铺砌,而新广场则使用了花岗岩石块。广场内的道路使用了红色黏土材料,而水池的边缘也由相同的材料铺砌,两者达成了完美统一。已建成的围墙使用了“查塔姆混合”砖块,这是为了与造船厂内被广泛使用的红砖相匹配——从而达到尊重场地历史特性的效果。

案例 14.2　草坪

案例 14.3　码头的表演场地

在码头边缘处设计了一块表演场地,并使用了专门设计的特殊照明设备,以突出其特色。

场地上的主要硬质景观搭配了半成熟的英国梧桐,这在项目完工之后形成了强烈的视觉冲击。树下的空间种植了很多如常青藤一般具有顽强生命力的植物。此外还有四块草坪,由优质的草皮构成,为码头提供了宝贵的绿色空间。

合作与社区参与

为了实现该项目的真实潜力,在设计和实施阶段,均与英格兰合作组织、肯特郡议会、罗切斯特市议会以及吉灵厄姆自治市议会进行了公开对话。重点关注了查塔姆码头的基础设施建设,因为这对场所的未来发展及各方建立紧密的工作关系至关重要。

当前的场地使用者

英格兰合作组织将查塔姆码头列为其旗舰开发项目。码头广场大受欢迎,特别是天气晴朗的午餐时间,很多商店的店员常来这里休闲。该场地也是一个重要的集会场所,尤其是在夏季,当海军节来临的时候,这里更是发挥着重要的作用。另外,小型管弦音乐会和现代舞会也经常在这里举行。每年大约会举办六场活动。

166

日常项目管理

景观设计师制订了一份管理计划,包括土地和软质景观的日常管理、死树移除以及地面清扫。并指定了一名长期承包商执行该管理计划。查塔姆信托负责管理查塔姆码头相关的地产,另外,该地产还包括防浪堤、开放景观区和码头船坞。未来的维护资金也来自查塔姆信托,并规定此项资金不可用于其他项目。作为一个慈善机构,该信托投资的项目会享受一定的税务优惠。

168

案例14.4　采用了优质材料

案例14.5　种植生命力顽强的植物

案例15 黑乡公路沿线雕塑

委托人	伍尔弗汉普顿市议会
景观设计师	伍尔弗汉普顿市议会,城市再生与交通景观环境部
初始介入	1989年
开工日期	1992年
竣工日期	1998年
项目造价	约50万英镑
资金来源	交通运输补充津贴、欧洲区域开发基金

项目主旨

黑乡公路连接着A4123、伯明翰新路和M6,并通往将被开发的废弃土地。雕塑各具特色,可以为使用者和当地居民提供一系列地标和兴趣点。

景观设计师的角色

雕塑项目是在由众多议员、当地社区代表以及学生代表组成的专家小组的建议下,由高速公路和交通运输委员会正式委托的。景观设计师将为专家小组提供服务,并与公共艺术顾问共同负责拟定各项目的艺术家名单。景观设计师还与当地艺术家(杰米·麦卡洛)一起,为人行道和自行车道附近的艺术作品提供了设计方案。

景观设计师设计了道路的软质景观,如桥梁装饰、街道设施和栏杆、油漆抛光和声音屏障。他们还负责管理艺术作品的委托,以及部分个人合同,并和公共艺术顾问一起与艺术家就雕塑的设计、制作和安装进行沟通。

项目限制条件

大量遭受污染的土地需要工程师处理,其中一座雕塑被放置在了一

案例15.1 小马：利用废弃的锻钢碎片焊接制成，反映了当地的历史

片尚未清除污染物的高地上。艺术家得到的预算额度有限。

项目的独特机遇

为再生后的工业区新建一条道路，并在公路、人行道和自行车道的视线可及区域安置一系列反映了地方特色和历史的雕塑。其中一些雕塑（由十九位艺术家创造）为人们提供了互动的机会。

项目设计

比尔斯顿地区在1700年时还是一个只有千人的小村庄，直到1900年初，才发展成为重要的煤炭和钢铁生产地。自18世纪开始，该地因生产小型装饰珐琅盒而闻名。这一重工业区内的主要运输方式，包括运河、铁路和公路，但是随着1979年炼钢厂的关闭以及20世纪80年代GKN桑基公司旗下的汽车零部件工厂的关闭，大量的土地遭到遗弃。黑乡公路建成之后，提供了连接城市再生区域的通道，并缓解了比尔斯顿

案例15.2　骏马和骑手：穿越世纪　通往未来的旅行

城市中心的拥堵。伯明翰的新地铁也对此起到了补充作用。

公路全长七公里，其中四公里位于伍尔弗汉普顿境内；而艺术作品被限制在伍尔弗汉普顿市边界线以内的道路周边。公路的大部分路段都设计了与之平行的人行道。在比尔斯顿被称为兰特的社区内，有一条长达一公里的可供行人和自行车进入的道路，该道路横穿了与公路相邻170的景观区。

这条可供行人和自行车通过的道路宽约五米，由红色和黑色沥青碎石铺成。道路旁边设有三米宽的草坪带，这不仅拓宽了人们的视线范围，还可以增加安全感。马路中央的隔离带栽种了大量原生树木、灌木和野花。

许多雕塑在设计、命名或者材料选择方面都反映了这一地区的历史。"比尔斯顿橡树"、"巨橡树座椅"、"雕刻橡木座椅"和"滚筒座椅"等雕塑在建造中均使用了橡木作为原料，这代表了比尔斯顿的古老森林。"鸟巢"雕塑在形式上就像树木一般。"钢铁巨石"、"贝丝的拱门"、"钢铁雕塑"、"光之塔"、"骏马和骑手"和"小马"等雕塑均反映了钢铁制造业在支持当地人们生活方面所起到的重要作用。雕塑"石头座椅"由波特兰石制造，其创作灵感来源于已经存在了两个多世纪的比尔斯顿

案例15.3　钢铁雕塑：有十五米高

珐琅盒。

合作与社区参与

兰特社区中心和童子军小组、维利尔斯小学、莫斯利公园学校和科尔顿山社区学校均参与了这个项目。该项目在比尔斯顿手工艺画廊举办了三场大型展览，并在比尔斯顿市镇中心的一处被废弃的大型超市内举办了一场展览。

当前的场地使用者

当地居民是最常使用该道路的人，他们会在这里遛狗、游玩。上班族在每天上下班的路上都能欣赏雕塑和自然生长的植被。许多游客的观光之旅也始于这条雕塑公路。

日常项目管理

根据合同对软质工程进行维护，并由"终身学习协会"的园艺工作者进行监督。景观环境部会通过高速公路养护资金对雕塑进行定期维护。　171

案例15.4　贝丝的拱门：八米高，用钢材制作并涂漆

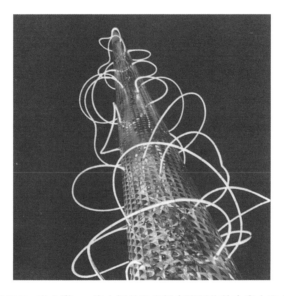

案例15.5　光之塔：一座由钢丝和光纤电缆制作的未来主义之塔

案例16 维多利亚码头(谢菲尔德)

委托人	英国水道局和谢菲尔德开发公司
景观设计师	英国水道局
初始介入	1993年初
开工日期	1994年4月
竣工日期	1995年5月
项目造价	3 500万英镑(包括仓库在内的港池总体开发;硬质工程:100万英镑,软质工程:30万英镑)
资金来源	英国水道局、谢菲尔德开发公司

项目主旨

该再生项目位于谢菲尔德市中心,主要目的是为乘船游玩的人提供休息场所,并创造一个有活力的节日聚会空间,供划船节、音乐会等活动使用。在改造过程中,该项目力图保留运河既有的人工建筑,例如煤炭装卸码头和桥台等。此外,项目的方案设计致力于创建不同的区域和空间,以满足拥有不同功能的船舶的需求,例如游船、旅行船以及餐饮船。

景观设计师的角色

景观设计师负责场地的总体规划,并与委托人就场地周边场所的设计进行沟通联络。他们还负责准备合同图纸和其他合同文件,并监管景观工程的实施。

173

项目限制条件

项目的主要限制条件是个别场地和建筑物涉及不同的开发商制定的紧迫工期。此外,预算额度也十分紧张,所以只有等基础建设工程竣工后才能确定景观工程的预算额度。

案例16.1　城市中心的维多利亚码头

项目的独特机遇

　　该项目为复兴一个被长期废弃的船坞提供了难得的机会。将老式的干船坞改造为一个浮船坞，以容纳餐饮船和宾馆船。项目还涉及翻修一个独特的跨式仓库，以及建设港池主管部门的建筑。

项目设计

　　谢菲尔德运河港池，是一个靠近城市中心、占地30英亩的区域，其中包含了许多历史保护建筑。该码头最后一次用来货物运输，还是1970年的事，多年以来，这里已被逐渐废置。针对该区域的多次改造尝试均以失败告终，直到1993年，英国水道局和谢菲尔德开发公司才联手使此城市再生项目成功落地。

　　该项目方案涉及一系列建筑的改造：将希夫工厂改造为酒吧；将谷物仓库改造为住宅区及夜生活区；将码头的南侧开发为工作区；最后，将跨式仓库当作办公楼使用。与建筑物的改造息息相关的是，外部环境也得到了一次高质量的开发。该港池的北部区域保持了其开放的特征，

174

案例16.2　维多利亚码头节日

这也最大限度地保证了南部区域可以用来举办重大活动和节日庆典。

项目中必不可少的，是维持港池周围供残疾人安全通行的四米宽无障碍通道，以及邻近水边的一米宽盲道。旧场所中的约克石被直接用来打造新场所。而再生混凝土则被用于建造可供行人坐下休息的座位空间。

为了保留场所的工业特质，只设置了少量的软质景观，并且主要以白蜡树为主。

合作与社区参与

合作是该项目的一个重要组成部分。英国水道局将谷物仓库租给了谢菲尔德开发公司，并保留了古老的跨式仓库。仓库的整修翻新主要依靠谢菲尔德开发公司资助的150万英镑，而英国水道局则资助了剩余部分，并修复了运河港池以提供更先进的设施。

案例16.3　充满乐趣的运河港池

案例16.4　岸边的咖啡空间

案例16.5　被开发用于零售商户的拱门

当前的场地使用者

谢菲尔德开发公司将此项目视为地标场所,英国水道局也同样如此。港池主管部门的建筑将成为一个基地,主要负责管理船舶运营、游乐设施和展览空间。

这里有很多来访者,包括写字楼的上班族、入住酒店的旅客、在商铺和酒吧闲逛的普通公众等。此外，还有该港池附近的居民、乘船游客以及参加各类活动的人。这里每年都会举行很多盛大的活动，如谢菲尔德儿童节等。

176

参考文献

Abercrombie, S. (1981) 'The entire city should be seen as a playground', in L.Taylor (ed.) *Urban Open Spaces*, London: Academy Editions.

Abrams, R. and Ozdil, T. R. (2000) Sharing the civic realm: pedestrian adaptation in the post modern city, in J. Benson and M. Roe (eds) *Urban Lifestyles: Spaces, Places, People*, Rotterdam: A. A. Balkema.

Adams, E. (1989) 'Learning Through Landscapes', *Landscape Design* 181: 16–19.

Anderson, L. M. and Cordell, H. K. (1988) 'Influence of Trees on Residential Property Values in Athens, Georgia (USA) : A Survey based on Actual Sales Prices', *Landscape and Urban Planning* 15: 153–164.

Appleton, J. (1996) *The Experience of Landscape*, 2nd edn, Chichester: Wiley.

Appleyard, D. and Lintell, M. (1972) 'The Environmental Quality of City Streets: The Residents' Viewpoint', *American Institute of Planners Journal* 38: 84–101.

Armstrong, N. (1993) 'Promoting Physical Activity in Schools', *Health Visitor* 66, 10: 362–364.

Baines, C. and Smart, J.(1984) *A Guide to Habitat Creation*, London: Greater London Council.

Baird, C. and Bell, P. B.(1995) 'Place Attachment, Isolation and the Power of a Window in a Hospital Environment: A Case Study', *Psychological Reports* 76: 847–850.

Barber, A. (1994) *Law, Money and Management, The Future of Urban Parks and Open Spaces*, Working Paper number 2, London and Gloucester: Comedia and Demos.

Barnhart, S. K., Perkins, N. H. and Fitzsimonds, J. (1998) 'Behaviour and Outdoor Setting Preferences at a Psychiatric Hospital', *Landscape and Urban Planning* 42: 147–157.

Barton, H., Davis, G. and Guise, R. (1995) *Sustainable Settlements: A guide for planners, designers and developers*, Bristol: Local Government Management Board and University of the West of England.

Beer, A. and Higgins, C. (2000) *Environmental Planning for Site Development*, London: E. and F. N. Spon.

Bengtsson, A. (1974) *The Child's Right to Play*, Sheffield, England: International Playground Association.

Benjamen, J. (1974) *Grounds for Play*, London: Bedford Square Press.

Beveridge, C. E. and Rocheleau, P. (1995) *Frederick Law Olmsted: Designing the American Lansdcape*, New York: Rizzoli.

Bishop, J. C. and Curtis, M. (eds)(2001) *Play Today in the Primary School Playground*, Buckingham: Open University Press.

Borhidi, A. (1988) 'Some ecological and social features of big cities' in *Cities and Ecology (2)*, Moscow: UNESCO Man and Biosphere Program.

Bortz, W. (1990) 'Breaking the Age Barrier', *Running Magazine* (December) 8: 38–39.

Box, J. and Harrison, C. (1993) 'Urban Greenspace: Natural Spaces in Urban Places', *Town and Country Planning* 62, 9: 231–235.

Bradley, C. and Millward, A. (1986) 'Successful Green Space–Do we know it when we see it?', *Landscape Research* 11, 2: 2–9

British Heart Foundation (2000a) *Couch Kids: The growing epidemic–looking at physical activity in children in the United Kingdom*, London: British Heart Foundation.

British Heart Foundation (2000b) *Get Kids on the Go!*, London: British Heart Foundation.

British Waterways (no date) *General Information Sheets*, Watford: British Waterways.

British Waterways (2000a) *Annual Report and Accounts 1999–2000*, Watford: British Waterways.

British Waterways Map (2000b) *British Waterways Map and Information 2000–2001*, Watford: British Waterways.

Broadmeadow, M. and Freer-Smith, P. (1996) 'Urban Woodlands and the Benefits for Local Air Quality', *Research for amenity trees No 5*, Forestry Commission Research Division and Department of the Environment, London: The Stationery Office.

Bundred, P., Kitchiner, D. and Buchan, I. (2001) 'Prevalence of Overweight and Obese children Between 1989 and 1998: Population Based Series of Cross Sectional Studies', *British Medical Journal*, 322, 7282: 326–328.

Burgess, J. (1996) 'Focusing on Fear: The use of Focus Groups in a Project for the Community Forest Unit, Countryside Commission', *Area* 28, 2: 130–135.

Burke, G. (1971) *Towns in the Making*, London: Edward Arnold.

Burnett, J. D. (1997) 'Therapeutic effects of landscape architecture', in S. O.

Marberry, *Healthcare Design*, New York: Wiley.

Butler, K. (1989) 'Environmental Education at St Luke's', *Landscape Design* 181: 22–23.

Carr S., Francis, M., Rivlin, R. and Stone, A. (1992) *Public Space*, Cambridge: Cambridge University Press.

Cary-Elwes, G. (1996) 'A Precious Asset', *Landscape Design* 252: 11–12.

Chandler, T. (1974) 'Urban climates and environmental management', in *Nature in Cities*, Annual Symposium of Landscape Research Group in conjunction with the North West Chapter of the Institute of Landscape Architects.

Chandler, T. (1978) 'The man-modified climate of towns', in Lenihan, J. and Fletcher, W. W. (eds) *The Built Environment*, Environment and Man, Volume 8, London: Blackie.

Chidister, M. (1986) 'The Effect of Context on the Use of Urban Plazas', *Landscape Journal* 5: 115–127.

Chidumayo, E. (1988) 'Conservation problems of urban growth in a developing country: the example of Chipata in eastern Zambia', in *Cities and Ecology (2)*, Moscow: UNESCO Man and Biosphere Program.

Chilean National Committee on Recreation (1986) 'Recreation and the Elderly', *World Leisure and Recreation Association* 28, 2: 15–17.

Churchman, C. and Fieldhouse, K. (1990) 'HLM Practice Profile and a Sympathetic Response', *Landscape Design* 174: 35–41.

Clark, R. (1899) *Golf: A Royal and Ancient Game*, 3rd edn, London: Macmillan and Company.

Clegg, F. (1989) 'Cemeteries for the Living', *Landscape Design* 184: 15–17.

Cobham Resource Consultants (1992) *Study of Golf in England: A Report to the Sports Council*, London: Sports Council.

Coffin, G. M. (1989) *Children's Outdoor Play in the Built Environment: a Handbook*, London: National Children's Play and Recreation Unit.

Collins, M. F. (1994) *The Sporting life: Sport, Health and Recreation in Urban Parks*, Working Paper 11, London and Gloucester: Comedia and Demos.

Coppin, N. and Richards, I. (1986) 'Edge of the Road', *Landscape Design* 159: 51–53.

Corbishley, M. (1995) *The Legacy of the Ancient World: Greece and Rome*, Hemel Hempstead: Macdonald Young Books.

Correll, A., Converse, P. E. and Rodgers, W. L. (1978) *The Quality of American Life*, New York: Russell Sage Foundation.

Cotton, W. R. and Pielke, P. A. (1995) *Human Impacts on Weather and Climate*, Cambridge: Cambridge University Press.

Council of Europe (1986) *Recommendation No. R(86)11* of the Committee of Ministers to Member States on Urban Open Space, Strasbourg: Council of Europe.

Cranz, G. (1982) *The Politics of Park Design: A history of urban parks in America*, London: MIT Press.

Crompton, J. L. (1999) *Financing and Acquiring Park and Recreation Resources*, Champaign, USA: Human Kinetics.

Danzer, G. A. (1987) *Public Places: Exploring Their History*, The Nearby History Series, Nashville, Tennessee: American Association for State and Local History.

Day, K. (2000) 'The Ethic of Care and Women's Experiences of Public Space', *Journal of Environmental Psychology* 20: 103–124.

Day, M. (1995) *Keep Out! The story of castles and forts through the ages*, Hemel Hempsted: Macdonald Young Books.

De Potter, J. C. (1981) 'Sport for the Handicapped', *FIEP Bulletin*, 50, 1: 22–27.

Denton-Thompson, M. (1989) 'New Horizons for Education', *Landscape Design* 181: 11.

Department of Education and Science (1990) *The Outdoor Classroom*–Building Bulletin, 71, London: Her Majesty's Stationery Office.

Department of the Environment (1973) *Children at Play*, London: Her Majesty's Stationery Office.

Department of the Environment (1996) *Greening the City: A Guide to Good Practice*, London: The Stationery Office.

Department of the Environment, Transport and the Regions (2000) *Our Towns and Cities: The future delivering an urban renaissance*, London: The Stationery Office.

Department of Transport; Local Government and the Regions (2001) *Green Spaces: Better Places (Interim report of the Greenspaces Taskforce)*, London: The Stationery Office.

Department of Transport, Local Government and the Regions (2002) *Green Spaces: Better Places Final Report*, London: The Stationery Office.

Diallo, B. (1986) 'Leisure in the Context of the World Assembly on Aging', *World Leisure and Recreation Association* 28, 2: 11–14.

Dicker, E. A. (1986) 'Cemeteries Should be Living Places of Peace and Serenity', *Memorial Advisory Bureau Bulletin*, June 1986: 6–7.

DiGilio, D. A. and Howze, E. H. (1984) 'Fitness and Full Living for Older Adults', *Parks and Recreation*, 12, 19: 32–37 and 66.

Dodd, J. S. (ed.)(1988a) *Energy Saving through Landscape Planning (1): The Background*, Property Services Agency, Croydon: Her Majesty's Stationery

Office.

Dodd, J. S. (ed.)(1988b) *Energy Saving through Landscape Planning (3): The Contribution of Shelter Planting*, Property Services Agency, Croydon: Her Majesty's Stationery Office.

Dodd, J. S. (ed.)(1988c) *Energy Saving through Landscape Planning (6): A Study of the Urban Edge*, Property Services Agency, Croydon: Her Majesty's Stationery Office.

Dreyfuss, J. A. (1981) 'The possibilities never stop', in L.Taylor (ed.) *Urban Open Spaces*, London: Academy Editions.

Driver, B. L. and Rosenthal, D. (1978) 'Social Benefits of Urban Forests and Related Green Spaces in Cities', *First National Urban Forestry Conference Proceedings*, 98–113, USDA, State University of New York.

Dunnett, N. and Qasim, M. (2000) 'Perceived Benefits to Human Well-being of Urban Gardens', *HortTechnology* 10, 1: 40–45.

Dunnett, N., Swanwick, C. and Woolley, H. (2002) *Improving Urban Parks, PlayAreas and Green Spaces*, London: The Stationery Office.

Eckbo, G. (1969) *The Landscape that We See*, New York: McGraw-Hill.

Eckbo, G. (1987) 'The City and Nature', *Ekistics* 327: 323–325.

Elkin,T., McLaren, D. and Hillman, M. (1991) *Reviving the City: Towards sustainable urban development*, London: Friends of the Earth with Policy Studies Institute.

Elliott, B. (1989) 'The Landscape of the English Cemetery', *Landscape Design* 184: 13–14.

English Sports Council (1997a) *Policy Briefing 7: Local authority support for sports participation in the younger and older age groups*, London: English Sports Council.

English Sports Council (1997b) *Policy Briefing 2: The economic impact of sport in England*, London: English Sports Council.

English Sports Council (1997c) *Policy Briefing 5: Local authority support for national sports policy*, London: English Sports Council.

Epstein, G. (1978) 'University Landscapes', *Landscape Design* 121: 13–17.

Evans, J. (1986) 'Follow the Grain', *Landscape Design* 159: 44–45.

Fairbrother, N. (1970) *New Lives, New Landscapes*, Harmondsworth: Penguin Books.

Fairclough, S. and Stratton, G. (1997) 'Physical Education Curriculum and Extra-curriculum Time: A Survey of Secondary Schools in the North-West of England', *British Journal of Physical Education* 28, 3: 21–24.

Federation of City Farms and Community Gardens (1998) A *Selection of Current Areas of Work*, Bristol: Federation of City Farms and Community Gardens.

Federation of City Farms and Community Gardens (1999) *City Farming and Community Gardening*, Bristol: Federation of City Farms and Community Gardens.

Federer, C. A. (1976) 'Trees Modify the Urban Climate', *Journal of Arboriculture 2*, 7: 121–127.

Flora, T. (1991) 'In Cemeteries and all Around Wildlife is Part of us', *Memorial Advisory Bureau Bulletin* August: 6–7.

Francis, M. (1995) 'Childhood's Garden: Memory and Meaning of Gardens', *Children's Environments* 12, 2: 182–191.

Francis, M., Cashdan, L. and Paxson, L. (1984) *Community Open Spaces*, Washington, DC: Island Press.

Freeman, C. (1996) *The Ancient Greeks*, Abingdon: Andromeda Oxford.

Frommes, B. and Eng, H. C. (1978) *Applied Climatology: Better and cheaper building and living*, pp.24–29, Luxembourg: Standing Committee Urban and Building Climatology.

Ganapathy, R. S. (1988) 'Urban Agriculture, Urban Planning and the Ahmedabad Experience', in *Cities and Ecology (2)*, Moscow: UNESCO Man and Biosphere Program.

Gaster, S. (1992) 'Historical Changes in Children's Access to U. S. Cities: A Critical Review', *Children's Environments* 9, 2: 23–36.

Gehl, J. (1987) *Life Between Buildings: Using public spaces*, New York: Van Nostrand Reinhold.

Gilbert, O. (1991) *The Ecology of Urban Habitats*, London: Chapman and Hall.

Girardet, H. (1996) *The Gaia Atlas of Cities*, 2nd edn, London: Gaia Books.

Girouard, M. (1985) *Cities and People: A Social and Architectural History*, New Haven and London: Yale University Press.

Gold, S. M. (1973) *Urban Recreation Planning*, Philadelphia: Lea and Febiger.

Gold, S. M. (1980) *Recreation Planning and Development*, New York: McGraw-Hill.

Goldstein, E. L., Gross, M. and Martin A. L. (1985) 'A Biogeographic Approach to the Design of Greenspaces', *Landscape Research* 10, 1: 14–17.

Goode, D. (1997) 'The Nature of Cities', *Landscape Design* 263: 14–18.

Goode, D. (1989) 'Urban Nature Conservation in Britain', *Journal of Applied Ecology* 26: 859–873.

Goodman, P. and Goodman, P. (1960) *Communitas*.

Government's Response to the Environment, Transport and Regional Affairs Committee's Report (1998), *The Future of Allotments*, London: Department of the Environment, Transport and the Regions.

Great Britain, Committee on Land Utilisation in Rural Areas (1942) *Report of the Committee on Land Utilisation in Rural Areas*, London: Her Majesty's Stationery Office.

Greenhalgh, L. and Worpole, K. (1995) *Park Life: Urban parks and social renewal*, London: Comedia and Demos.

Gregory, K. J. and Walling, D. E. (eds) (1981) *Man and Environmental Processes*, London: Butterworths.

Halcrow Fox and Associates, Cobham Resource Consultant and Anderson, P. (1987) *Planning for Wildlife in Metropolitan Areas*, Peterborough: Nature Conservancy Council.

Hall, P. and Ward, C. (1998) *Sociable Cities: The Legacy of Ebeneezer Howard*, Chichester: John Wiley and Sons.

Hanson-Kahn, C. (2000) *Home Zone News*, Issue I, London: National Children's Bureau Enterprises.

Harrison, C. and Burgess, J. (1988) 'Qualitative Research and Open Space Policy', *The Planner* November: 16–18.

Harrison, C. and Burgess, J. (1989) 'Living Spaces', *Landscape Design* 183: 14–16.

Harrison, C. Limb, M. and Burgess, J. (1987) Nature in the City: Popular Values for a Living World, *Journal of Environmental Management*, 25, 4: 347–362.

Harrison, C., Burgess, J., Millward, A. and Dawe, G. (1995) *Accessible Natural Greenspace in Towns and Cities*, London: English Nature Research Report, Number 153.

Hart, R. (1979) *Children's Experience of Place*, New York: Irvington Publishers Incorporated.

Harvey, M. (1989) 'Children's Experiences with Vegetation', *Children's Environments Quarterly* 6, 1: 36–43.

Heckscher, A. (1977) *Open Spaces: The life of American cities*, New York: Harper and Row.

Heisler, G. M. (1977) 'Trees Modify Metropolitan Climate and Noise', *Journal of Arboriculture* 3, 11: 201–207.

Heisler, G. M. (1986) 'Energy Savings with Trees' *Journal of Arboriculture* 12, 5: 113–125.

Herzog, T. R. (1985) 'A Cognitive Analysis of Preference for Waterscapes', *Journal of Environmental Psychology* 5: 225–241.

Herzog, T. R., Kaplan, S. and Kaplan, R. (1982) 'The Prediction of Preference for Unfamiliar Urban Places', *Population and Environment: Behavioural and Social Issues*, 5: 43–59.

Herzog, T. R., Black, A. M., Fountaine, K. A. and Knotts, D.J. (1997) 'Reflection and Attentional Recovery as Distinctive Benefits of Restorative Environments', *Journal of Environmental Psychology* 17: 165–170.

Heseltine, P. and Holborn, J. (1987) *Playgrounds: The planning, design and construction of play environments*, London: Mitchell Publishing Company.

Hitchmough, J. and Bonguli, A. M. (1997) 'Attitudes of Residents of a Medium Sized Town in South West Scotland to Street Trees', *Landscape Research* 22, 3: 327–337.

Holden, R. (1988) 'Parks of the Future', *Landscape Design* 171: 11–12.

Holden, R., Merrivale, J. and Turner, T. (1992) *Urban Parks: A discussion paper*, London: The Landscape Institute.

Hole, V. (1966) *Children's Play on Housing Estates*, National Building Studies, Research Paper 39, Ministry of Technology, Building Research Station, London: Her Majesty's Stationery Office.

Holme, A. and Massie, P.(1970) *Children's Play: A Study of Needs and Opportunities*, London: Michael Joseph.

Hosking, S. and Haggard, L. (1999) *Healing the Hospital Environment: Design Management and Maintenance of Healthcare Premises*, London, E. & F.N. Spon.

Hoskins, W. G. (1955) *The Making of the English Landscape*, Harmondsworth: Penguin Books.

Hough, M. (1995) *City Form and Natural Process: Towards a new urban vernacular*, 2nd edn London: Routledge.

House of Commons (1999) *Environment Sub-committee Inquiry into Town and Country Parks*, London: Department of the Environment,Transport and the Regions.

Hoyles, M. (1994) *Lost Connections and New Directions: The private garden and the public park*, Working Paper number 6, London and Gloucester: Comedia and Demos.

Hughes, B. (1994) *Lost Childhoods: The case for children's play*, Working Paper number 3, London and Gloucester: Comedia and Demos.

Humphries, S. and Rowe, S. (1989) 'A Landscape for Life: The Coombes County Infant School', *Landscape Design* 181: 25–28.

Hurtwood, Lady Allen (1958) *Play Parks for Housing, NewTowns and Parks*, London: Holloway Press Company Limited.

Hurtwood, Lady Allen (1968) *Planning for Play*, London: Thames and Hudson.

Hutchison, R. (1987) 'Ethnicity and Urban Recreation: Whites, Blacks and Hispanics in Chicago's Public Parks', *Journal of Leisure Research* 19, 3: 205–222.

ILAM (Institute of Leisure and Amenity Management) (1996) *Policy Position Statement No. 15 Nature Conservation and Urban Green Space*, Reading: Institute of Leisure and Amenity Management.

Institute of Civil Engineers (2000) *Designing Streets for People: An inquiry into the design, management and improvement of streets*, London: Institute of Civil Engineering in co-operation with the Urban Design Alliance.

Jackson, T. (1991) 'Sport for All!' , *County Council Gazette* 83, 11: 318–319.

Jacobs, J. (1961) *The Death and Life of Great American Cities*, Harmondsworth: Pelican.

Jacobson, B. H. and Kulling, F. A. (1989) 'Exercise and Aging: The Role Model,' *Physical Educator* 2, 46: 86–89.

Jensen, R. (1981) 'Dreaming of Urban Plazas', in L. Taylor (ed.) *Urban Open Spaces*, London: Academy Editions.

Johnston, M. (1997) 'The Early Development of Urban Forestry in Britain: Part I', *Arboricultural Journal* 21: 107–126.

Johnston, M. (1999) 'The Springtime of Urban Forestry in Britain–Developments Between the First and Third Conferences, 1988–1993, Part I', *Arboricultural Journal* 23: 233–260.

Johnston, M. (2000) 'The Springtime of Urban Forestry in Britain–Developments Between the First and Third Conferences, 1988–1993, Part II', *Arboricultural Journal* 23: 313–341.

Johnston, J. and Newton, J. (1996) *Building Green: A guide to using plants on roofs, walls and pavements*, London: London Ecology Unit.

Kaplan, R. (1980) 'Citizen Participation in the Design and Evaluation of a Park', *Environment and Behavior* 12: 494–507.

Kaplan, R. (1993) 'The Role of Nature in the Context of the Workplace', *Landscape and Urban Planning* 26: 193–201.

Kaplan, S. (1995) 'The Restorative Benefits of Nature: Toward an Integrative Framework', *Journal of Environmental Psychology* 15: 169–182.

Kaplan, R. and Kaplan, S. (1989) *The Experience of Nature: A psychological experience*, Cambridge: Cambridge University Press.

Kaplan, S. and Wendt, J. S. (1972) *Preference and the Visual Environment: Complexity and some alternatives*, EDRA Conference Proceedings, University of California: Environmental Design Research Association.

Kelly, (2000) unpublished paper, Warwick workshop.

Kirkby, M. (1989) 'Nature as Refuge in Children's Environments', *Children's Environments Quarterly* 6, 1: 7–12.

Korpela, K. and Hartig, T. (1996) 'Restorative Qualities of Favorite Places', *Journal of Environmental Psychology* 16: 221–233.

Kuo, F. E., Bacaicoa, M. and Sullivan, W. C. (1998) 'Transforming Inner City Landscapes: Trees, Sense of Safety and Preference', *Environment and Behavior* 30, 1: 28–59.

Kweon, B.-S., Sullivan, W. C. and Wiley, A. R. (1998) 'Green Common Spaces and the Social Integration of Inner-City Older Adults', *Environment and Behavior* 30, 6: 832–858.

Lambert, J. (1974) *Adventure Playgrounds: A personal account of a play-leader's work*, Harmondsworth: Penguin.

Laurie, I. (1979) *Nature in Cities: The natural environment in the design and development of cities*, Chichester, New York: Wiley.

Leather, P., Pyrgas, M., Beale, D. and Lawrence, C. (1998) 'Windows in the Workplace: Sunlight, View and Occupational Stress', *Environment and Behavior* 30, 6: 739–762.

Lenihan, J. and Fletcher, W. W. (eds) (1978) *The Built Environment*, Environment and Man, Volume 8, London: Blackie.

Lennard, H. L. and Lennard, S. H. C. (1992) 'Children in Public Places: Some Lessons from European Cities', *Children's Environments* 9, 2: 37–47.

Llewelyn-Davies Planning (1992) *Open Spaces Planning in London*, London: London Planning Advisory Committee.

Loudon, J. C. ([1843]1981) *On the Laying Out, Planting and Managing Cemeteries and on the Improvement of Churchyards*, new edn, Redhill: Ivelet Books.

Loukaitou-Sideris, A. (1995) 'Urban Form and Social Context: Cultural Differentiation in the Use of Parks', *Journal of Planning Education and Research* 14: 89–102.

Loukaitou-Sideris, A. and Banerjee, T. (1998) *Urban Design Downtown: Poetics and politics of form*, Berkeley, Los Angeles and London: University of California Press.

Lowry, W.P.(1967) 'The climate of cities', in *Cities: Their Origin, Growth and Human Impact*, Readings from *Scientific American*. San Francisco: W. H. Freeman and Company.

Lucas, B. (1995) 'Playgrounds of the Mind', *Landscape Design* 245: 19–21.

Lucas, B. and Russell. L, (1997) 'Grounds for Alarm', *Landscape Design* 260: 46–48.

Ludeman, H. (1988) 'Ecological Aspects of Urban Planning Illustrated by the Cases of GDR Cities', in *Cities and Ecology (2)*, Moscow: UNESCO Man and Biosphere Program.

Luttik, J. (2000) 'The Value of Trees, Water and Open Space as Reflected by House Prices in the Netherlands', *Landscape and Urban Planning* 48: 161–167.

Lynch, K. (1981) *A Theory of Good City Form*, Cambridge, MA: MIT Press.

MacDougall, E. B. (1994) *Fountains, Statues and Flowers: Studies in Italian*

Gardens of the Sixteenth and Seventeenth Centuries, Washington, DC: Dumbarton Oaks.

MacIntyre, J., Pardey, J. and Yee, R. (1989) 'Phoenix Winners', *Landscape Design* 184: 26–27.

McLellan, G. (1984) 'Elcho Gardens–A Neighbourhood Landscape', *Landscape Design* 150: 33–36.

McNab, A. and Pryce, S. (1985) 'Lineside Landscape', *Landscape Design* 158: 14–15.

McNeish, D. and Roberts H. (1995) *Playing it Safe*, Ilford, Essex: Barnardo's.

Marans, R. and Mohai, P. (1991) 'Leisure Resources, Recreation and the Quality of Life', in Driver, B. L., Brown, P. J. and Peterson, G. L. (eds) *Benefits of Leisure*, State College: Venture Publishing.

Maslow, A. (1954) *Motivation and Personality*, New York: Harper and Row.

Matthews, H. (1994) 'Living on the Edge: Children as Outsiders', *Tijdschrift voor economische en sociale geografie*, 86, 5: 456–466.

Miller, P. L. (1972) *Creative Outdoor Areas*, Englewood Cliffs: Prentice-Hall.

Milmo, C. (2001) "Quick-fix" Britain neglects its horticultural heritage', *Independent*, I May 2001.

Moore, R. C. (1995) 'Children Gardening: First Steps Towards a Sustainable Future', *Children's Environments* 12, 2: 222–232.

Morales, D., Boyce, B. N. and Favretti, R. J. (1976) 'The Contribution of Trees to Residential Property Value: Manchester, Connecticut', *Valuation* 23, 2: 26–43.

Morcos-Asaad, F. (1978) 'Design and building for a tropical environment', in Lenihan, J. and Fletcher, W. W. (eds) *The Built Environment*, Environment and Man, Volume 8, London: Blackie.

More, T. A. (1985) *Central City Parks: A behavioural perspective*, Burlington: School of Natural Resources, University of Vermont.

More, T. A. (1988) 'The Positive Values of Urban Parks', *Trends* 25, 3: 13–17.

More, T. A., Stevens, T. and Allen, G. P. (1988) 'Valuation of Urban Parks', *Landscape and Urban Planning* 15: 139–152.

Morgan, G. (1991) *A Strategic Approach to the Planning and Management of Parks and Open Spaces*, Reading: Institute of Leisure and Amenities Management.

Morgan, R. (1974) 'The educational value of nature to urban schools', in *Nature in Cities*, Annual Symposium of Landscape Research Group in conjunction with the North West Chapter of the Institute of Landscape Architects, March 1974, Manchester: University of Manchester.

Mumford, L. (1966) *The City as History: Its origins, transformations and its prospects*, Harmondsworth: Penguin.

Nakamura, R. and Fujii, E. (1992) 'A Comparative Study on the Characteristics of Electroencephalogram Inspecting a Hedge and a Concrete Block Fence', *Journal of the Japanese Institute of Landscape Architects* 55, 5: 139–144.

National Federation of City Farms (1998) *Annual Review and Accounts, 1997/1998*, Bristol: National Federation of City Farms.

National Playing Fields Association (1992) *The Six Acre Standard: Minimum standards for outdoor playing space*, 2nd edn, London: National Playing Fields Association.

National Playing Fields Association (2000) *Best Play*, London: National Playing Fields Association.

National Urban Forestry Unit (1998) *Urban Forestry in Practice, Case Study 2: Greening of strategic urban transport corridors*, Wolverhampton: National Urban Forestry Unit.

National Urban Forestry Unit (1999a) *Urban Forestry in Practice, Case Study 9: Community orchards in towns*, Wolverhampton: National Urban Forestry Unit.

National Urban Forestry Unit (1999b) *Urban Forestry in Practice, Case Study 12: Woodlands burial*, Wolverhampton: National Urban Forestry Unit.

National Urban Forestry Unit (2000a) *Urban Forestry in Practice, Case Study 20: Historic urban forestry*, Wolverhampton: National Urban Forestry Unit.

National Urban Forestry Unit (2000b) *Urban Forestry in Practice, Case Study 14: Rail corridor enhancement through lineside vegetation management*, Wolverhampton: National Urban Forestry Unit.

Newman, O. (1972) *Defensible Space: People and Design in the Violent City*, London: Architectural Press.

Nichols, G. and Taylor, P. (1996) *West Yorkshire Sports Counselling: Final Evaluation Report*, Sheffield: Leisure Management Unit, University of Sheffield.

Nicholson-Lord, D. (1987) *The Greening of Cities*, London: Routledge and Kegan Paul.

Nielsen, E. H. (1989) 'The Danish Churchyard', *Landscape Design* 184: 33–36.

Nierop-Reading, B. (1989) 'The Rosary Cemetery', *Landscape Design* 184: 48–50.

Noble, D. G., Bashford, R. I. and Baillie, S. R. (2000) *The Breeding Bird Survey 1999*, Thetford: British Trust for Ornithology, Joint Nature Conservation Committee and the Royal Society for the Protection of Birds.

Nohl, W. (1981) 'The Role of Natural Beauty in the Concept of Urban Open Space Planning', *Garten und Landschaft* 11, 81: 885–891.

Noschis, K. (1992) 'Child Development Theory and Planning for Neighbourhood Play', *Children's Environments* 9, 2: 3–9.

Nugent, T. (1991) 'A Cemetery for the Living', *Landscape Architecture* 81: 73–75.

Oberlander, C. H. and Nadel, I. B. (1978) 'Historical perspectives on children's play', in Otter, M. (ed.) *Play in Human Settlements*, Sheffield International Playground Association.

OECD (Organisation for Economic Co-operation and Development) (1990) *Environmental Policies for Cities in the 1990s*, Paris: Organisation for Economic Co-operation and Development.

Office of the Deputy Prime Minister (2002) 'Living Places: Cleaner, Safer, Greener', London: Office of the Deputy Prime Minister.

Olds, A. R. (1989) 'Nature as Healer', *Children's Environments Quarterly* 6, 1: 27–32.

OPCS (Office of Population Censuses and Surveys) (1993) *Census 1981: The National Report*, London: Her Majesty's Stationery Office.

Opie, I. (1993) *The People in the Playground*, Oxford: Oxford University Press.

Opie, I. and Opie P. (1969) *Children's Games in Street and Playground*, Oxford: Clarendon Press.

Owens, P. E. (1994) 'Teen Places in Sunshine, Australia: Then and Now', *Children's Environments* 11, 4: 292–299.

Ozsoy, A., Atlas, N. E., Ok, V. and Pulat, G. (1996) 'Quality Assessment Model for Housing: A Case Study on Outdoor Spaces in Istanbul', *Habitat International* 20, 2: 163–173.

Parker, M. (1989) 'Churchyard and Community', *Landscape Design* 184: 24–25.

Parks, P. and Jenkins, M. (unpublished) *The Value of Open Space in Urbanizing Areas: Benefits and Costs of the Eno River Corridor*, Rutgers University and the Freshwater Institute, United States of America: Department of Agricultural Economics and Marketing.

Parsons, R., Ulrich, R. S. and Tassinary, L. G. (1994) 'Experimental Approaches to the Study of People-Plant Relationships', *Journal of Consumer Horticulture* 1: 347–372.

Parsons, R., Tassinary, L. G., Ulrich, R. S., Hebl. M. R. and Grossman-Alexander, M. (1998) 'The View from the Road: Implications for Stress Recovery and Immunization', *Journal of Environmental Psychology* 18: 113–140.

Paxton, A. (1997) 'Farming the City', *Landscape Design* 263: 53–55.

Payne, B. R. and Strom, S. (1975) 'The Contribution of Trees to the Appraised Value of Unimproved Residential Land', *Valuation* 22, 2: 36–45.

Penning-Rowsell, A. (1999) 'New Landscapes of Learning', *Landscape Design* 280: 32–34.

Peterson, J. T. (1969) *The Climate of Cities: Survey of Recent Literature*, Raleigh: United States Department of Health, Education and Welfare, National Air Pollution Control Administration, AP–59.

Pinder, S. (1991) 'And Cricket: A conversation with Ian Fell', Director for British Blind Sport, *Sport and Leisure*, May/June: 26.

Pitkin (2002) *Guidebook to Gloucester Cathedral*, Pitkin.

Portland House (ed.)(1988) *The World Atlas of Architecture*, New York: Portland House.

Powe, N. A., Garrod, G. D. and Willis, K. G. (1995) 'Valuation of Urban Amenities Using an Hedonic Price Model', *Journal of Property Research*, 12: 137–147.

Purcell, A. T., Lamb, R. J., Mainardi, E. and Falchero, S. (1994) 'Preference or Preferences for Landscape', *Journal of Environmental Psychology*, 14: 195–209.

Pushkarev, B. (1960) 'The Esthetics of Freeway Design', *Landscape*, 10, 2: 7–14.

Rackham, O. (1986) *History of the Countryside*, London: Dent.

Rayner, S. and Malone, E. (eds) (1998a) *Human Choice and Climate Change* (Vol. 2), Columbus, Ohio: Batelle Press.

Rayner, S. and Malone, E. (eds) (1998b) *Human Choice and Climate Change* (Vol. 4), Columbus, Ohio: Batelle Press.

Reilly. J. J., Dorosty, A. R. and Emmett, P.M. (1999) 'Prevalence of Overweight and Obesity in British Children: Cohort Study', *British Medical Journal*, 319: 1039.

Rishbeth, C. (2001) 'Ethnic Minority Groups and the Design of Public Open Space: An Inclusive Landscape?', *Landscape Research*, 26, 4: 351–366.

Rouse, W. (1981) 'Man-modified climates', in Gregory, K. J. and Walling D. E. (eds) *Man and Environmental Processes*, London: Butterworths.

Rowntree, R. and Nowak, D. J. (1991) 'Quantifying the Role of Urban Forests in Removing Atmospheric Carbon Dioxide', *Journal of Arboriculture* 17, 10: 269–275.

Rudie, R. J. and Dewers, R. S. (1984) 'Effects of Tree Shade on Home Cooling Requirements', *Journal of Arboriculture*, 10, 12: 320–322.

Ruff, A. R. (1979) 'An ecological approach to landscape design', in Ruff, A. R. and Tregay, R. (eds) *An Ecological Approach to Urban Landscape Design*, Occasional Paper No. 8, Manchester: Department of Town and Country Planning, University of Manchester.

Rugg, J. (1998) 'A Few Remarks on Modern Sculpture: Current trends and new directions in cemetery research', *Mortality*, 3, 2: 111–128.

Rugg, J. (2000) 'Defining the Place of Burial: What Makes a Cemetery a Cemetery?', Mortality, 5, 3: 259–275.

Sainsbury, T. (1987) 'Urban Outdoor Activities: A New Tradition in the Use of Open Space', *The Leisure Manager* 6, 2: 9–10.

Schmelzkopf, K. (1995) 'Urban Community Gardens as Contested Space', *The Geographical Review*, 85, 3: 364–381.

Schroeder, H. W. and Anderson, L. M. (1984) 'Perception of Personal Safety in Urban Recreation Sites', *Journal of Leisure Research* 16, 2: 174–194.

Scott, D. (1997) 'Exploring the Time Patterns in People's Use of a Metropolitan Park District', *Leisure Sciences*, 19: 159–174.

Seila, A. F. and Anderson, L. M. (1982) 'Estimating Costs of Tree Preservation on Residential Lots', *Journal of Arboriculture*, 8: 182–185.

Sheffield City Council (2000) *Leisure Service Plan: 2000/2001*, Sheffield: Sheffield City Council.

Sheffield City Council (2001) *Estimated Annual Visits to Sheffield's Parks and Woodlands: Analysis of the Citizen's Panel Talkback Survey 2000*, Sheffield: Sheffield City Council.

Sies, M. C. (1987) 'The City Transformed: Nature, Technology and the Suburban Ideal, 1877–1917', *Journal of Urban History* 14, 1: 81–111.

Simmons, S. A. (1990) *Nature Conservation in Towns and Cities*, Peterborough: Nature Conservancy Council.

Singleton, D. M. (1990) *Health Bulletin No. 45 Appendix II: Case Study on Therapeutic Benefits*, London: Her Majesty's Stationery Office.

Social Exclusion Unit (1998) *Bringing the United Kingdom Together: A national strategy for neighbourhood renewal*, Cm 4045, presented to Parliament by the Prime Minister, September 1998, London: The Cabinet Office.

Somper, J. P. (2001) *Market Research: Property Values and Trees Feasibility Study*, Gloucestershire: National Urban Forestry Unit.

Spellerberg, I. and Gaywood, M. (1993) 'Linear Landscape Features', *Landscape Design* 223: 19–21.

Spirn, A. W. (1984) *The Granite Garden: Urban Nature and Human Design*, New York: Basic Books.

Sport England (2000a) *Positive Futures*, London: Sport England. (Available online–http: //www.english.sports.gov.uk/about/about_l.htm).

Sport England (2000b) *Young People in Sport in England 1999*, London: Sport England.

Sports Council (1994) *Trends in Sports Participation Fact Sheet*, London: Sports Council.

Sports Council and Health Education Authority(1992) *Allied Dunbar National Fitness Survey–Main Findings*, London: Sports Council.

Spronken-Smith, R. A. and Oke, T. R. (1998) 'The thermal regime of urban parks in two cities with different summer climates', *International Journal of Remote Sensing*, 19(11): 2085–2104.

Stockli, P. P. (1997) 'Nature and Culture in Public Open Spaces', *Anthos* 2, 94: 35–38.

Stoneham, J. (1996) *Grounds for Sharing*, Winchester: Learning Through Landscapes.

Sukopp, H. and Henke, H. (1988) 'Nature in towns: a dimension necessary for urban planning today', in *Cities and Ecology (2)* Moscow: UNESCO Man and Biosphere.

Sukopp, H. and Werner, P. (1982) *Nature in Cities–Nature and Environment Series No. 28*, Strasbourg: Council of Europe.

Talbot, J. (1989) 'Designing Plants into Play', *Children's Environments Quarterly*, 6, 1: 55.

Tankel, S. (1963) 'The importance of open spaces in the urban pattern', in Wing, L. (ed.) *Cities and Spaces: The future use of urban spaces*, Baltimore: Hopkins.

Tartaglia-Kershaw, M. (1982) 'The Recreational and Aesthetic Significance of Urban Woodland' , *Landscape Research* 7, 3: 22–25.

Taylor, A. F., Wiley, A., Kuo, F. E. and Sullivan, W. C. (1998) 'Growing up in the Inner City: Green Spaces as Places to Grow', *Environment and Behavior*, 30, 1: 3–27.

Taylor, H. A. (1994) *Age and Order: The public park as a metaphor for a civilised society*, Working paper No. 10, London and Gloucester: Comedia and Demos.

Taylor, J. (ed.) (1998) *Early Childhood Studies: An Holisitc Introduction*, London: Arnold.

Teagle, W. (1974) 'The urban environment', in *Nature in Cities*, Annual Symposium of Landscape Research Group in conjunction with the North West Chapter of the Institute of Landscape Architects, Manchester: Manchester University Press.

Tennessen. C. M. and Crimprich, B. (1995) 'Views to Nature: Effects on Attention', *Journal of Environmental Psychology*, 15: 77–85.

Thayer, R. L. and Maeda, B. T. (1985) 'Measuring Street Tree Impact on Solar Performance: A Five Climate Computer Modeling Study', *Journal of Arboriculture*, 11, 1: 1–12.

Thorpe, H. (1969) *The Report of the Departmental Committee of Inquiry into Allotments*, London: Her Majesty's Stationery Office.

Thorpe, H., Galloway, E. and Evans, L. (1976) *From Allotments to Leisure Gardens: A case study of Birmingham*, Birmingham: Leisure Gardens Research Unit, University of Birmingham.

Titman, W. (1994) *Special Places, Special People*, London: World Wildlife Fund.

Tregay, R. and Gustavsson, R. (1983) *Oakwood's New Landscape: Designing for nature in the residential environment*, Uppsala: Swedish University of Agricultural Sciences/Warrington and Runcorn New Development Corporation.

Turner, T.(1996a) *City as Landscape: A post-modern view of design and planning*, London: E. & F. N. Spon.

Turner, T. (1996b) 'From No Way to Greenway', *Landscape Design* 254: 17–20.

Ulrich, R. S. (1979) 'Visual Landscapes and Psychological Well-Being', *Landscape Research* 4: 17–23.

Ulrich, R. S. (1981) 'Natural Versus Urban Scenes. Some Psychophysiological Effects', *Environment and Behavior*, 13: 523–556.

Ulrich, R. S. (1984) 'View Through a Window may Influence Recovery from Surgery', *Science* 224: 420–421.

Ulrich, R. and D. L Addoms (1981) 'Psychological and Recreational Benefits of a Residential Park', *Journal of Leisure Research* 131: 43–65.

Ulrich, R. S., Simons, R. F., Losito, B. D., Fiorito, E., Miles, M. A. and Zelson, M. (1991) 'Stress Recovery During Exposure to Natural and Urban Environments', *Journal of Environmental Psychology* 11: 201–230.

UNCHS (United Nations, Centre for Human Settlements) (1996) *An Urbanising World: Global Report on Human Settlements*, Oxford: Oxford University Press for the UNCHS.

Urban Parks Forum (2001) *Public Park Assessment: A survey of local authority owned parks focusing on parks of historic interest*, Caversham: Department of Transport, Local Government and the Regions, the Heritage Lottery Fund, the Countryside Agency and English Heritage.

Urban Task Force Final Report (1999) *Towards an Urban Renaissance*, London: E. & F. N. Spon.

Verderber, S. (1986) 'Dimensions of Person-Window Transactions in the Hospital Environment', *Environment and Behavior* 18: 450–466.

Von Stulpnagel, A., Horbert, M. and Sukopp, H. (1990) 'The importance of vegetation for the urban climate', in Sukopp, H. (ed.) *Urban Ecology*, The Hague: SPB Academic Publishing.

Waddell, P., Berry, B. J. L. and Hooch, I. (1993) 'Residential Property Values in Multinodal Urban Areas: New Evidence on the Implicit Price of Location', *Journal of Real Estimate Finance and Economics* 7: 117–141.

Wakeman, R. (1996) 'What is a Sustainable Port? The Relationship between Ports and Their Regions', *The Journal of Urban Technology* 3, 2: 65–80.

Walker, S. and Duffield, B. (1983) 'Urban parks and open spaces–an overview', *Landscape Research* 8, 2: 2–11.

Walzer, M. (1986) 'Public Space: Pleasures and Costs of Urbanity', *Dissent* 33, 4: 470–475.

Ward, C. (1978) *The Child in the City*, London: Architectural Press.

Warren, B. (2000) *Viewing and Audience Figures for Ground Force*, e-mail communication with Helen Woolley.

Warrington Borough Council (2001) *What's On in Warrington's Parks: January–June 2001*, Warrington: Warrington Borough Council.

Weller, S. (1989) 'Cemeteries–Designing for the Public', *Landscape Design* 184: 10–11.

Westphal, J. M. (2000) 'Hype, hyperbole and health: Therapeutic site design', in Benson, J. and Roe, M. (eds) *Urban Lifestyles: Spaces, Places, People*, Rotterdam: A. A. Balkema.

Whalley, J. M. (1978) 'The Landscape of the Roof', *Landscape Design* 122: 7–24.

White, I. (1999) 'Setting the Standard–The Development of Landscape Design and the Contribution it has made in Improving the Quality of Life in Scotland', *Landscape Design* 282: 19–22.

Whyatt, H. G. (1923) *Streets, Roads and Pavements*, London: Sir Isaac Pitman and Son.

Whyte, W. H. (1980) *The Social Life of Small Urban Spaces*, Washington DV: Conservation Foundation.

Wildlife Trusts (The) (2000) *Media Information: Who we are, a brief history of the wildlife trusts and key facts and figures*, London: The Wildlife Trusts.

Williams, R., Bidlack, C. and Brinson, B. (1994) 'The Rivers Curriculum Project: a Cooperative Interdisciplinary Model', *Children's Environments* 11, 3: 251–254.

Wilson, J. (1997) 'Making a Garden: A Place for Horticultural Therapy', *Streetwise* 31, (8: 3)14.

Winter, R. (1992) 'The Miracle Medium', *Landscape Design* 208: 8.

Wolschke-Bulmahn, J. and Groning, G. (1994) 'Children's Comics: An Opportunity for Education to Know and Care for Nature?', *Children's Environments* 11, 3: 232–242.

Wood, R. (1994) *Legacies: Architecture*, Hove: Wayland Publishers.

Woolley, H. (2002) 'Inclusive open spaces', *Landscape Design* 310: 43–45.

Woolley, H. and Amin, N. (1995) 'Pakistani Children in Sheffield and their Perception and use of Public Open Spaces', *Children's Environments* 121, 4: 479–488.

Woolley, H. and Johns, R. (2001) 'Skateboarding: The City as Playground', *Journal of Urban Design* 6, 2: 211–230.

Woolley, H., Rowley, G., Spencer, C. and Dunn, J. (1997) *Young People and their Town Centres*, London: Association of Town Centre Management.

Woolley, H., Spencer, C., Dunn, J. and Rowley, G. (1999) 'The Child as Citizen: Experiences of British Towns and City Centres', *Journal of Urban Design* 4, 3:

255–282.

Woolley, H., Gathorne-Hardy, F. and Stringfellow, S. (2001) 'The listening game', in Jefferson, C., Rowe, J. and Brebbia, C. (eds) *The Sustainable Street: The environmental, human and economic aspects of street design and management*, Southampton: Wessex Institute of Technology Press.

Worpole, K. (1997) *The Cemetery in the City*, Stroud: Comedia.

Worpole, K. (1999) *The Richness of Cities: Working paper number 2–Nothing to Fear? Trust and Respect in Urban Communities*: London: Comedia and Demos.

Worpole, K. and Greenhalgh, L. (1996) *The Freedom of the City*, London and Gloucester: Demos.

Woudstra, J. (1989) 'The European Cemetery', *Landscape Design* 184: 19–21.

Wright, G. (1989) 'Bats in the Belfry', *Landscape Design* 184: 22–23.

Young, M. and Wilmott, P. (1973) *The Symmetrical Family*, New York: Pantheon.

Yuen, B. (1996) 'Use and Experience of Neighbourhood Parks in Singapore', *Journal of Leisure Research* 28, 4: 293–311.

Zhang, T. and Gobster, P. H. (1998) 'Leisure Preferences and Open Space Needs in an Urban Chinese American Community', *Journal of Architecture and Planning Research* 15, 4: 338–355.

索　引

（条目后的数字为原书页码，见本书边码；斜体页码表示条目内容在该页图片部分）

城市与生态文明丛书